サッポロ一番を創った男

井田毅

社長時代　新社屋　社長室にて＝1983年

旧制群馬県立前橋商業学校在学のころ＝1946年

旧制群馬県立前橋商業学校卒業（3列目左から2番目）＝1947年

九州への新婚旅行＝1958年

長女紀子誕生
泉屋酒店前にて＝1960年

新婚当時の毅と妻喜代子＝1958年

「サッポロ一番みそラーメン」CM撮影時に中村玉緒さんと＝1968年

本社社長室にて、新聞の取材に応えて=1983年

高松宮殿下をお迎えして＝1983年

高松宮殿下、本社工場をご視察＝1983年

サンヨー食品創立30周年記念式典で挨拶＝1983年

年賀式の年頭挨拶で多角化に向けて抱負を語る＝1988年

群馬県内屈指のゴルフ場としてオープンした富岡ゴルフ倶楽部竣工記念式典＝1991年

相談役として会社を見守る

日本即席食品工業協会理事長に就任（2度目）＝1999年

食品産業功労賞を受賞＝2008年

井田毅＝2008年

華麗なスイング＝2001年

富岡ゴルフ倶楽部

市原ゴルフクラブ
市原コース

市原ゴルフクラブ
柿の木台コース

市原ゴルフクラブ柿の木台コースの造成現場＝1994年

富岡ゴルフ倶楽部の建設現場を視察（左から2番目）＝1990年

富岡ゴルフ倶楽部のコースレイアウト図

空から見た富岡ゴルフ倶楽部

Lomas Santa Fe Country Club
（ローマス・サンタフェ C.C.）

Yorba Linda Country Club
（ヨーバ・リンダ C.C.）

Tustin Ranch Golf Club（タスチン・ランチ G.C.）

富岡ゴルフ倶楽部に設置された銅像（越後製菓より寄贈、林昭三氏作）＝2014年

井田毅＝1998年

喜寿の祝い＝2007年

親しい友人　植野要氏、竹村弘氏とともに＝2010年

康師傅・魏應州董事長と＝2010年

康師傅提携10周年記念祝賀会＝2010年

康師傅提携10周年記念祝賀会で挨拶＝2010年

エースコック提携30周年記念祝賀会＝2011年

輝きのある晩年

井田毅＝2003年

目次

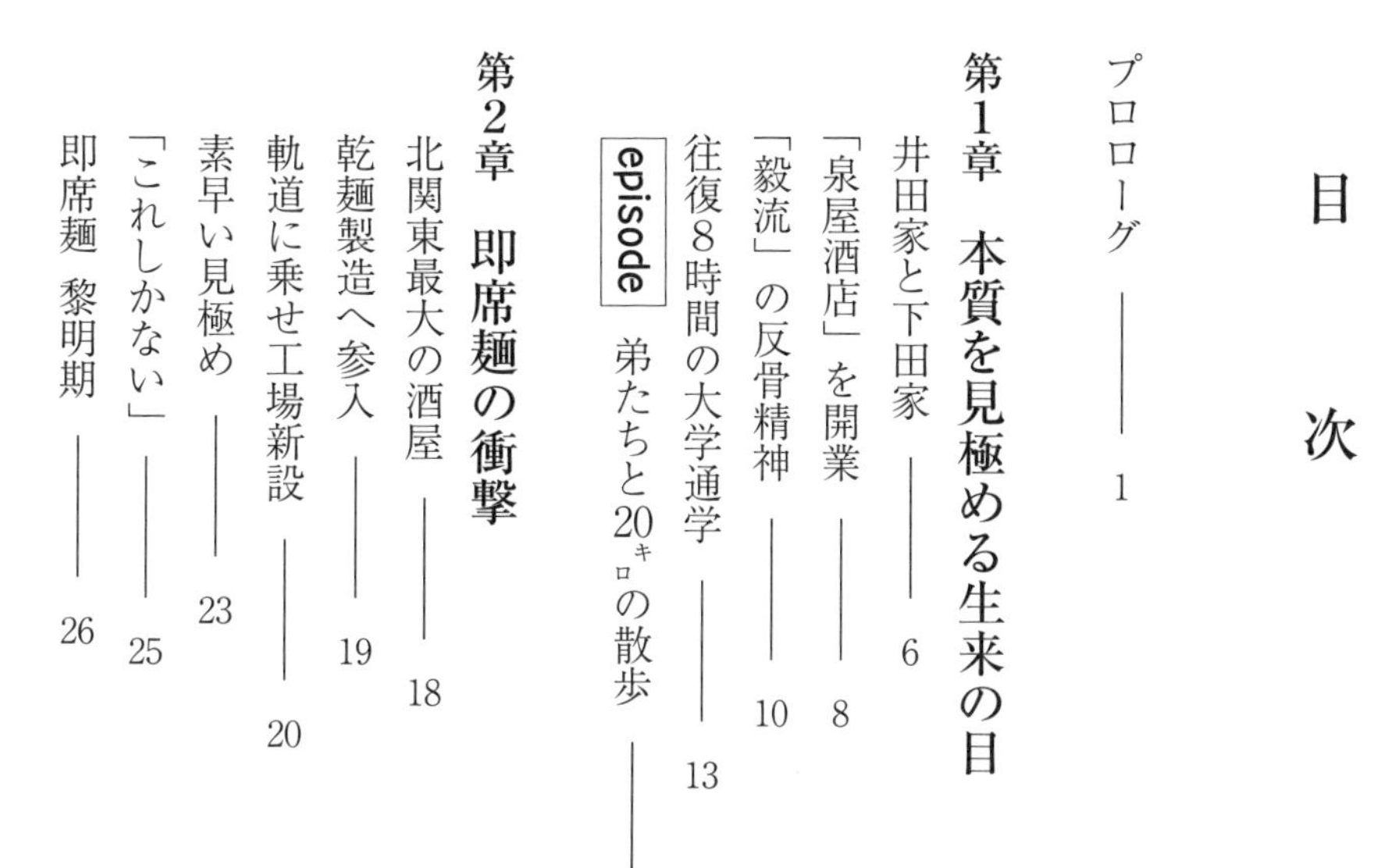

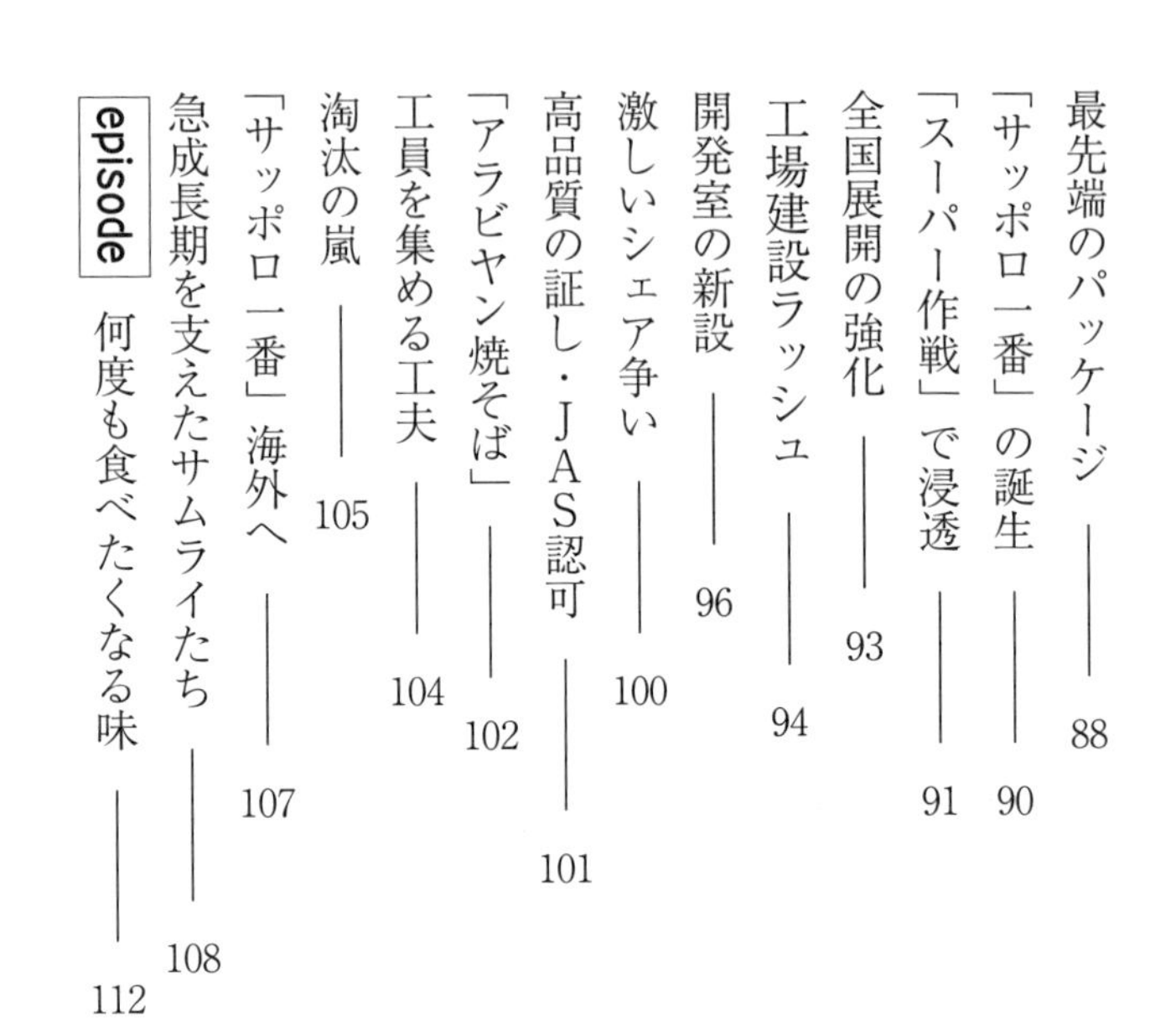

第8章 父・文夫の死と社長就任

第9章　物づくりのＤＮＡ

第10章　海外へ進出

第11章　激変する業界

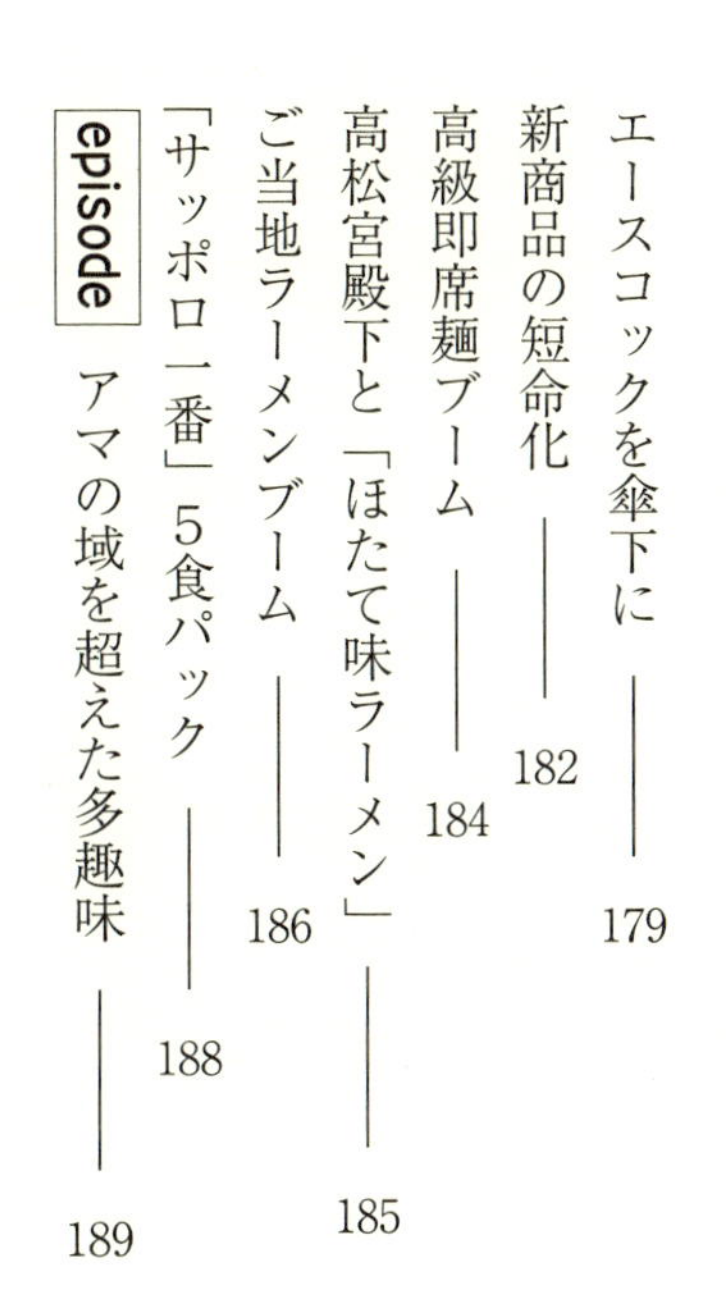

第12章　多角化への道

第13章　中国進出を決断

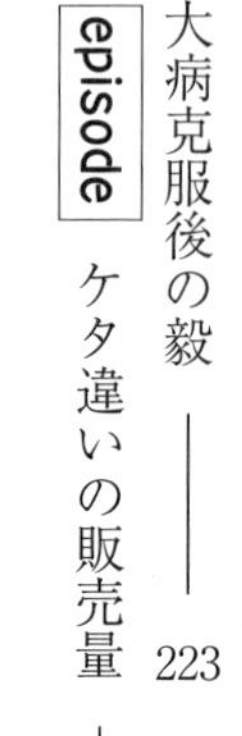

第14章　劇的な社長交代

第15章　東のラーメン王は永遠に

プロローグ

「東のラーメン王」と称された井田毅がその天寿を全うしたのは２０１３（平成25）年８月20日だった。83歳。

袋麺の王者「サッポロ一番」で一世を風靡（ふうび）した井田毅は、「チキンラーメン」を発明した日清食品の安藤百福（以下敬称略）と並び称せられてきた即席麺業界の両巨頭の一角だ。

酒屋から始めて、黎明期のインスタントラーメン（即席麺）業界に身を投じ、「俺の舌は百万ドル」と自他共に認める天性の味覚を武器に、ロングセラーブランド「サッポロ一番」を世に送り出した。

サンヨー食品グループとして今や即席麺業界世界一のシェアを有するが、３つの海（太平洋・大西洋・インド洋）を股にかけたいという思いを込めたサンヨー食品という社名通り、世界を舞台に躍進するグローバル企業としての確固たる基盤を築いた。天才的開発者であり、名経営者。それが井田毅だ。

世界中に「サッポロ一番」を広めた。常に完璧なものづくりを志向し、誰にも真似のできない即席麺づくりに生涯を捧げた。

井田毅死去の知らせを聞いたとき、１９５３（昭和28）年の創業時から苦楽を共にし、長らくサンヨー食品の製造部門のトップとして働いてきた元取締役副社長の森田健太郎は「あのとき、出会っていなければ、その後の自分は考えられない」という感慨に浸っていた。

森田が入社したのはサンヨー食品の前身である富士製麺だった。森田は工場に勤務し、乾麺づくりをゼロから学んだ。当時、専務取締役の井田毅は、普段は家業の「泉屋酒店」の2階に住んでいた。ある真夏の夜、工場の排風機の出す音がうるさいと近所からの苦情が森田のもとに寄せられた。工場勤務の日の浅い森田にこの苦情に対処するすべはなく、毅に連絡して事情を説明すると、すぐに飛んできた。とはいっても毅とて工場内の機械について知識があるわけではない。

工場内は夜とはいえ、うだるような暑さだ。そこに響く排風機の轟音は確かにうるさく、暑さを増幅させる。近所の住民もよほど困り果てた末、苦情を言わざるを得なかったのだろう。

毅は排風機の前に仁王立ちして流れ落ちる汗をぬぐおうともせず、腕組みしたまま機械の動きを睨んでいた。

毅は1時間そのままの状態で過ごした。

「森田、すぐ来てくれ」

突然、毅が大声で森田を呼びつけた。

「メモの用意だ」

毅は、その場で処置の方法を語り出した。森田はあっけにとられながらも、毅の語る修理方法をノートに書き留めていく。

森田は、一旦、排風機の電源を止め、ノートに書き留めた指示を数十分かけて一つずつ慎重に実行し、もう一度電源を入れた。すると、排風機の音は見事に静まっていた。

「この人は、常識ではとらえられない人だ」

森田は驚嘆というより呆れていた。

同時に、井田毅という男についていけば、間違いはないと確信した。うどんづくりを5年ほど学んで独立するつもりだったが、そんな考えは消えた。

それから10年を経た63年11月。社員全員を集めて創業10周年を祝う社員旅行が行われ、群馬県水上温泉のホテルで宴が開かれた。

61年から即席麺業界に参入したサンヨー食品は、後発としての苦しみにもがきながらも、ついにこの年7月、初の自社ブランド「ピヨピヨラーメン」を世に送り出した。テレビコマーシャルで宣伝した効果もあり、関東地方ではその存在が知られるようになりつつあった。この時点で発売後4カ月。続々と増える注文に社員みなが確かな手応えを感じつつも、いまだ地方の中小業者であることに変わりはなかった。

創業とほぼ同時に入社した森田は宴の席上、勤続10年表彰され、壇上で社員代表として挨拶をするよう指名されると、こう言い放った。

「今はローカルメーカーだけれど、名経営者の下、いずれ天下を取る」

当時の会社の規模や状況を考えれば荒唐無稽な戯れ言のようにも聞こえるが、森田には確信めいたものがあった。「もちろん、多少の希望的観測を込めて周囲を鼓舞しようという意図もあったのですが、井田毅さんの下でやっていれば、いずれ天下を取れるのではないか、という確信に近いものがあったのです。単なる夢ではありませんでした」と森田は振り返る。

この言葉が、この後、10年も経ずに実現されることになるとは、その場にいた誰もが想像もできなかったに違いない。

第1章

本質を見極める生来の目

井田家と下田家

井田毅が誕生した1930（昭和5）年は、戦前の日本にとって大きなターニングポイントとなる年だった。

その年、毅が生まれる2日前の1月11日、濱口雄幸内閣は金解禁の実施に踏み切った。後から考えれば、最悪のタイミングでの実施だった。

前年の秋、ニューヨーク株式市場の大暴落に端を発したアメリカの恐慌がじわじわと日本にも影響を及ぼし始めていた。金解禁に見合う為替相場の必要性からとったデフレ政策が円高を加速させ、国内市場は縮小し、輸出産業も国際競争力を失った。金解禁から半年で2億円もの金が海外に流出してしまった。

生糸価格や米相場は大暴落し、企業の倒産や合理化が激増し、街には失業者があふれ、農村は窮乏した。なんとこの年の貿易総額は対前年比31%、GNPは同89%という惨状を示した。毅の誕生は、まさに日本経済が奈落の底へ転落していくのとほぼ時を同じくしていた。

父文夫、母きくとの間に、毅が生まれたのは群馬県佐波郡玉村町。町の北端には利根川が流れ、埼玉県と境を接する小さな町だ。赤城、榛名、妙義の上毛三山が一望できる。井田家のある場所は日光例幣使街道に面し、交通の要衝として栄えた。

井田家はこの地で1705（宝永2）年から造り酒屋「井田酒造」を営んできた。大地主だった井田家は年貢米の上がりも良く、経済効率の良い酒造りにこの米を投入した。代表銘柄は「不盡泉（ふじいずみ）」。文夫は7人兄弟の下から2番目。文夫は3歳のときに父、15歳で母を失った。井田酒造は長男の聡一郎が継ぎ、兄弟が力を合わせて家業を盛り立てていた。

一方、母のきくは、群馬郡箕輪町（現・高崎市箕郷町）の下田家の出身。下田家はもともとは伊豆半島下田の出自だが、箕輪城が北条氏の配下になったとき、城代家老として箕輪に赴任し、土着していた。いずれも地方の名家である。

井田酒造は代々、経済力に恵まれていた。文夫の幼少期、近郊の高崎市倉賀野から羽織姿の男たちが数人、井田家を尋ねてきた。

「倉賀野の太鼓橋が古くなりすぎたので取り壊して新しく造ることにしました。そこで、橋の下に玉村の井田家が新設した由来が彫り込まれているのを見つけました。長年月にわたり町民や近村の人々が井田家のお陰を被っていたのに、知らずに今日まで過ごして申し訳ございません。お礼の言上にお伺いいたしました」

文夫の父金七は、男たちに対してこともなげに答えた。

「実は私の家は儲けたお金は世間のためにできるだけ使うことにしています。私の家から3里くらい離れた範囲内の橋という橋は、台風で流れたり古くなったりしたものは、造り替えてまいりました。太鼓橋もその一つで、別に改まってお礼を言われるほどのことでもありません」

現在の井田酒造

それほどまでの素封家だった井田家にしても、１９３０年の金解禁を境にやがて恐慌に至る日本経済不振の影響は、決して小さくはなかった。

まして文夫は、家業を切り盛りしているとはいえ7人兄弟の下から2番目。酒の売り上げが縮小する中、兄弟全員を抱え込むのは困難である。小さな町での商売に限界も感じていた。

「泉屋酒店」を開業

そこで、文夫はもっと人口の多い賑わいのある場所で商売する決心をした。１９３３（昭和8）年、前橋の繁華街榎町（現・前橋市千代田町）に良い物件を見つけ、「泉屋酒店」（以下泉屋）を開業した。泉屋は街中も街中、繁華街のまさに中心部である。このとき、毅は3歳だった。

文夫は根っからの商売人である。新参者ゆえ、普通のやり方で商売していては入り込む余地がないと考えた。

文夫がとった作戦は、特売。今でこそ珍しくもなんともないが、当時、酒販の組合には値引きをしない約束があったので、当然、大騒ぎになった。

「泉屋はけしからん」ということになって、組合を除名されてしまった。

犬養毅内閣で蔵相に就任した高橋是清が金輸出再禁止、管理通貨制度を採用すると同時に積極財政政策をとったことで国内の景気は急速に回復し、泉屋開店の年には他国に先駆けて恐慌前の経済水準に回復していた。

こうした追い風の中、同業者からは顰蹙（ひんしゅく）を買ったが、泉屋の商売は順調に伸びた。安いからよく売れる。だから、問屋もどんどん商品を納めてくれた。問屋としてもたくさん販売するお店を無視するわけにはいかない。繁華街の中心部にある泉屋には、朝からたくさんの人が買い物に訪れた。

父文夫の作戦が見事に当たったのだ。このころ、文夫の口癖は「甘いものにはアリがたかる。安いものには人が集まる」というもの。当時の経営者としては、先進的だったというべきだろう。昭和前期の前橋には製糸工場が林立し、街中はいまでは想像もできない賑わいぶりだったのである。

前橋に移ると井田家は商売に追われ、文夫・きく夫妻が子どもたちの面倒を細やかにみることはできなかったようだ。家族総出で家業を盛り立てていく素地は、すでにこの泉屋時代の黎明期から築かれていたのだろう。

井田文夫社長＝泉屋2階にて

毅は幼少期から病弱で小学校3年生のときには肺炎が長びき10カ月も学校を休んだことがある。そんな状態だから、当然、運動も苦手だった。

ところが、そんな毅が前橋市立桃井小学校時代、運動会で1位になったことがある。先生やクラスメートも驚いたが、もちろん毅本人もびっくりした。駆けっこの遅い自分がなぜ1位になれたのか。振り返って考えてみると、「よーい、ドン」の号砲を聞いてから走り出したのではなく、その一瞬前にスタートできたのが1位になれた理由だった。毅の機先を制する素早い行動は、すでにこの小学校時代にその萌芽が見てとれる。

また、小学校時代から算数が得意で、数字に強い関心を持つ子どもだった。そこでついたあだ名が「商大」であった。

泉屋の商売は順調だったから、井田家は一般家庭よりも裕福だったが、文夫は生来質素な性格だった。毅が小学校2年生のときに、家族揃って埼玉県の秩父に遊びに行った。その帰りに、町外れのそば屋に入った。家族揃っての小旅行など滅多にない機会だから、毅は「親子丼ぐらいは食べさせてくれるだろう」と期待したが、文夫が注文したのは素うどんだけ。不満を覚えた毅は、ブスッとして黙り込んだ。すると、文夫は「甘いものにはアリがたかる。安いものには人が集まるんだよ。分かるか」と笑いかけた。当時、これが文夫の決め台詞だった。

「毅流」の反骨精神

商家の長男として、周囲も本人も早くから将来は家業を継ぐという意識はあったようで、高等小学校を卒業すると、1942（昭和17）年には群馬県立前橋商業学校（現・県立前橋商業高等学校）に進学した。当時の旧制商業学校は難関で、前橋中や高崎中に合格しても不合格となることもあった。

毅が前橋商に進学する半年ほど前の41年12月に太平洋戦争が始まっていた。入学した42年には、東京、川崎、名古屋、四日市、神戸などの大都市に米軍による本土初空襲があった。毅は疎開の意味合いもあり、箕郷町にある母きくの実家から前橋商に通った。街中の井田家から前橋商まではほんの2キロちょっとだが、箕郷町からとなると13キロほどの道のりだ。

毅は好き嫌いのはっきりした性格で、嫌いな授業があるときなど「今日は行きたくない」と思うと、途中にある神社に自転車を止め、学校が終わるころまで神社の境内でぶらぶら過ごすことがあった。

数学や美術など自分の好きな、あるいは役立つと思われる特定の科目には熱心に取り組んだが、嫌いな科目や実用的ではないと判断した科目はほとんど無視を決め込んだ。教育現場にも軍事色の強まった時代、教師からすれば扱いづらい生徒だったことだろう。「他人と同じ道は歩まない」という毅流の反骨精神が現れ出していたのである。

戦争が近くなるにつれ、経済統制が強まる。食料米は不足し、米は配給制となった。当然、酒造の原料米にも統制がかかる。1937年に始まった日中戦争の影響を受けて、翌38年には政府による日本酒の生産統制が実施された。41年に太平洋戦争が勃発すると、全面的な統制が行われ、酒造生産は縮小していく。本土空襲が現実的なものになってくると灯火管制が敷かれたから、当然、街中の飲み屋街も元気を失い、酒類の消費も縮小した。酒屋にとっては死活問題だった。

空襲で焼け野原になった前橋市内＝1945年8月
（上毛新聞社刊「群馬県民の昭和史」より）

こんな時代だから泉屋も商売を積極的に伸ばせる状況にはなく、配給制で食糧も満足にない中、文夫ときくは7人の子どもたちを食べさせることに汲々とした。配給となった商品であっても、多少は余ることがあり、その商品を闇に流し、物々交換でなんとか米を手に入れたのである。

統制が厳しくなるにつれ、経済活動も衰退していった。本土空襲が激しくなり、1944年11月以降終戦まで東京だけで100回を超える空襲があった。3月10日の大空襲では罹災者が100万人を超えた。

そんな中、終戦を控えた1945年8月5日午後10時30分、前橋市内4カ所に照明弾が投下されたのを皮切りに空襲が始まった。襲来したB29爆撃機92機は焼夷弾691トン、飛砕弾17・6トンを投下。被災面積は全市の22％、被災戸数は全市の55％、被災人口も全市の65％に及んだ。前橋市街地の一角にある比刀根橋近くの防空壕周辺は一面火の海となり、火の勢いが強すぎて防空壕の扉が開かず、多くの人々が亡くなった。前橋空襲では500人を超える死者が出て、前橋の市街地は灰燼に帰した。

この比刀根橋からそう遠くない、街中にある泉屋も焼失してしまった。家屋は失ったが、家族は全員無事だったのがせめてもの救いだ。10日後、戦争は終わった。

「戦争に負けたのは事実ですが、どこかみんな明るかったような気がしました。分け隔て無く貧乏になったので気楽でした。15歳のころです」と、毅は、後年、日本経済新聞の取材で語っている。

往復8時間の大学通学

終戦後、文夫は休む暇もなく泉屋の再建に取りかかった。長男の毅も前橋に戻り父を助けた。田舎まで材木の買い出しに行き、リヤカーで前橋まで運んだ。灯火管制も解かれ、町には灯りが戻った。

店はいち早く再建できたが、酒の原料となる米は主食用として確保するのが最優先で、戦前から引き続いて統制された。酒類の販売統制が解除されたのは１９４９（昭和24）年になってからだが、その後も需要に対して生産量が極端に低い状況が続いた。そのため、工業用メチルアルコールを利用した密造酒が製造され、失明や死亡が相次ぎ、社会問題化した。

そんな状況だから、戦後数年間、商売は一気にV字回復というわけにはいかなかった。日本全体を見ても経済的に恵まれた人はごくわずかだった。旧制中を卒業した者の多くは進学せずに就職した。

だが、文夫の考えは違っていた。文夫は、毅に進学を勧めた。商売をする上では、大学で勉強する方が有利だと考えたのだ。進学となれば、当然、家業に役立つよう、経済学や経営学の専攻が必要である。当時、この系統の大学で評価が高かったのは東京商科大学（現・一橋大学）と巣鴨経済専門学校（現・千葉商科大学）。より実学が学べるという周囲の勧めもあり、巣鴨経済専門学校を受験することに決め、一発で合格した。

校名に「巣鴨」と付いてはいるものの、戦災で校舎を焼失していたため、校舎は千葉県市川市にあった。毅は船橋に住んでいた叔父の家に下宿させてもらい、学校に通った。

昭和20年代の前半は食糧不足が解消されていない時代である。叔父とはいえ、ただでさえ十分とは言えない食糧事情の中で、他人の家に居候させてもらうのは気が引けた。毅は叔父の家にいづらくなり、1年ほどすると前橋から通うことに決めた。

しかし、前橋から千葉の学校までは片道4時間もかかる。とても全授業に出る余裕はない。元来、興味の持てない授業のある日は学校を欠席することも少なくなかった毅である。カリキュラムと睨めっこし、将来役立ちそうな授業とそうでない授業を切り分ける作業は得意中の得意だ。フランス語などは一度出席しただけで、やめてしまった。その代わり、統計学や経済英語、経済原論など自分のためになると判断した授業は欠かさず出席した。後年、毅を知る人物は「数字に強い人だった」と口を揃えるが、この統計学への傾倒が後の事業展開に大いに役立つことになる。

出席すると決めた統計学、経済英語、経済原論などの授業がない日には大学には行かず、泉屋の手伝いを朝から真夜中までやっていた。

episode

弟たちと20キロの散歩

毅は弟たちをとても可愛がった。毅が物心ついたときにはすでに両親は商売一辺倒の生活だった。７人兄弟姉妹の長男という立場でもあり、早くから弟たちの面倒を見るのが毅の役目になった。毅には姉で長女のとよ子、妹で次女の久子、弟で次男の信夫、三女の玲子、三男の明夫、四男の努がいた。

面倒を見るといっても、手頃な公園が家の近くにあるわけでもない。前橋市街地の自宅から北橘村（現・渋川市北橘町）にある木曽三社神社までのコースが定番の散歩コースだった。往復約20キロの道のりである。

年の離れた幼い弟たち（明夫と努）を乳母車に乗せ、毅が押した。３時間近くかけて神社に着くと、境内にある湧水や清流で沢ガニ捕りを楽しむ。ひとしきり遊んだら、また同じだけの時間をかけて前橋まで戻ってくる。

兄弟のうち、一番年下の努は、毅とは14歳離れている。まだ幼かったが、沢ガニ捕りのことは記憶している。終戦後、食糧のなかった時代には、この沢ガニまで井田家の食卓にのぼった。

７人兄弟の長男としての責任感は、毅が大学を卒業して家業の先頭に立つようになると、やがて家長としての責任感に変わっていった。何事にも生真面目でストレート勝負を好む性格と相まって、兄弟に対しても、可愛がる一方で時には厳しく鼓舞した。「まだ子どもだった僕に、『働かざる者食うべからず』なんて言うんですから。やはりちょっと変わっていましたね」と努は笑う。

毅・喜代子結婚式（1958年）

結婚式記念写真（1958年）＝前橋東照宮

第2章

即席麺の衝撃

北関東最大の酒屋

大学卒業を待ちわびていたかのように毅は泉屋で昼夜を問わず働き始めた。1952（昭和27）年4月のことだ。それまでも父文夫の仕事を手伝ってきたから別段何が変わるわけでもない。ただ、それまでとは明らかに違い、お手伝いから経営する側に意識が変わったのは事実だった。

そのころ、50年6月に勃発した朝鮮戦争が日本経済に戦後最大の好景気をもたらしていた。昭和20年代半ば以降、徐々に大都市を中心にバーやキャバレーが増え始めた。前橋の中心部も徐々に復興を開始し、再び飲み屋街に活気が戻りつつあった。

こうした上り調子を背景に、泉屋は面白いように売り上げを伸ばした。毅も父文夫を助け、仕入れや注文取り、配達、集金にと奔走した。

ただ一つだけ、うまくいかないことがあった。集金だ。泉屋は主として業務用が中心で、お客さんは飲み屋が主だった。バーやキャバレーの経営者ともなれば、海千山千。あれやこれやと理由を付けて、なかなかお金を支払ってくれない者も少なくない。集金に行ったつもりなのに、逆にこちら側が怒鳴られて、すごすごと引き上げてくることもあった。

未回収を避けるために、毎日毎日、売り上げの中からいくらかずつ支払ってもらう日掛けによる集金なども実践した。例えば、日本酒が1本500円だとすると、1日100円ずつもらう。地道な集金活動である。それでも中には夜逃げしてしまう経営者もあったり、倒産してしまったりする者もいた。多少の貸し倒れよりも、とにかく売り上げを増やそうという拡大策で突っ走ったのだ。

取扱高は非常に大きくても、実際に集金までできた金額を考えると、必ずしも順調な経営とは言えなかった。それほど大きな店構えとも思えない泉屋だったが、昭和20年代の後半時点で前橋では最大の取扱高を誇った。顧客は前橋市内だけでなく群馬県内一円に及んだ。やがて昭和30年代には5千石ほどの取扱高となり、北関東最大と言われるまでに成長した。

だが、このままでは先が見えている。毅は卒業後、泉屋の専業となって間もなく確信していた。「他に儲かる商売を考えなくてはならない」と模索を始めた。

乾麺製造へ参入

そんなとき、穀物類を扱う事業を展開する一方で、乾麺製造も行っている、姉とよ子の夫である実業家の細渕久雄から「乾麺事業を廃業したいので工場ごと商売を譲渡したい」との申し出があった。工場もあるし、従業員もいる。このまま廃業するだけではもったいないというわけだ。

昭和20年代の後半になっても食糧事情が完全に改善したとは言い難かった。白米だけのごはんは、庶民にとっては贅沢な時代である。昔から麦作が盛んで関東地方でも有数の産地である群馬県では、うどんが人気だった。

もちろん自分で小麦粉からうどんを手打ちする時間的なゆとりはないから、乾麺に人気が集まっていた。１９５２（昭和27）年6月に、小麦粉の統制が解除され、同時に麺類の製造・販売が完全に自由化されたことが、この傾向に拍車をかけていた。小麦粉の完全自由化は、小麦粉を用いたさまざまな商品が生まれ拡大するきっかけとなった。

折しも事業の拡大を考えていたタイミングでもあり、毅は乾麺に有利な時代状況も分かっていた。ただ、毅も文夫も麺類の「め」の字も知らない。うまくいくかどうか確信が持てないのだ。

毅は文夫と相談して、泉屋の顧客で飲食業を中心に幅広く商売を営んでいた高崎の鄭桐田に相談することにした。鄭はちょうどタイミングよく、一足先に乾麺製造を始めていたのだ。やはり穀類問屋と乾麺製造を営んでいた妻の実家から譲渡されていた。それで、乾麺業界の事情を聞いてみようと思ったのだ。

「乾麺は面白いよ。私も何の知識もなくバトンタッチされて始めたんだけど、やってみると売り上げはどんどん増えるし、やりがいがあるよ」

鄭からこう言われて、毅と文夫は決断した。工場は譲渡されるし、前から働いていた従業員がいるから乾麺づくりのノウハウはなんとかなるだろう。

こうして1953年11月20日、毅が主導し、父文夫とともに富士製麺を立ち上げた。工場は前橋市新町（現・前橋市朝日町、現在の前橋赤十字病院の向かい側）にあった。富士製麺に移ってきた何人かの社員から新しく入社した社員たちが技術を引き継ぐ形で、事業はなんとかスタートした。もともと工場を運営していた細渕も富士製麺に参画し、その後も一貫して毅の事業をサポートしていった。

軌道に乗せ工場新設

以前からの技術者が何人か移ってきたから、乾麺づくりはなんとかなったが、いざ売ろうとしても売り先がない。営業先の引き継ぎまでは行われなかったし、そもそも廃業を考えるくらいだから、営業的に好調とはいえなかったのだ。しかも古くから乾麺製造を行っていた業者も多く、富士製麺は後発だったから、売り込みは簡単ではなかった。

鄭からは「作れば作るほど売れ、面白いように儲かる」という話も聞いていたから、文夫も毅も途方に暮れたが、うちひしがれている暇はない。

どういうところに売り込めばいいか。当時、乾麺を売っているのは主として米屋だったから、まず県内の経済連や米屋、一般の食料品店などに社長の文夫が先頭となってアプローチを始めた。

地道な営業は、人柄の良い文夫の得意とするところでもあった。営業担当の社員とともに何度も通ううちに徐々に取引を始めてくれるお店も増えていった。

さらに、毅が目を付けたのは新潟だった。日本でも随一の米どころ新潟では、稲作農家が多く日常的に米を食べることができ、米に不自由はしなかった。そのため、逆に乾麺が喜ばれるのではないかと考えた。井田家は元

前橋市天川原町（現・文京町）に移転・新設された富士製麺本社工場

来、酒造家であり、新潟から訪れる杜氏が「うどんはごちそう」だと言って、喜んで食べているのを文夫も毅も心得ていた。

毅は国鉄の物資部に営業をかけ、乾麺を売り込んだ。その営業が功を奏し、新潟県内にある国鉄のいろいろな駅の売店に乾麺を置いてもらえることになった。

毅は元来ものづくりが好きな性分だ。作る以上は最高の品質でなければ気が済まない。泉屋の傍ら、工場の中で乾麺づくりの研究にもいそしんだ。当時の乾麺製造は手作業にゆだねる部分が多かった。

ローラーに小麦粉をこねたものをかきこむ。それが麺になって、篠竹に吊るされて機械から出てくる。それを10本くらいの単位で乾燥させる。乾燥できたら、揃えて切る。さらにそれを束ねて箱詰めする―こうした作業を20人の社員が行った。乾燥といっても乾燥機ではなく、当初は自然乾燥を行っていた。毅の研究の成果もあり、ほどなく富士製麺の乾麺の品質は上質との評判を呼んだ。

乾麺は、味で特色を出すのは難しい。太めん、細めん、そうめん、ひやむぎなどがあり、切り幅や太さ、厚みを変えるくらいしかない。コシがある、切れにくいといった品質がポイントだった。富士製麺の乾麺はやや薄く、ゆで上がりが早い。しかも切れにくいと評判だった。

取引先も増え、売上高も上がり、富士製麺の経営は徐々に軌道に乗ってきた。同時にさらに品質の良い乾麺を大量生産するには工場が手狭となった。「これなら、乾麺製造でもやっていける」と手応えを感じた文夫と毅は、事業の拡大を狙い、もっと広い場所に新しい機械を揃えた工場の新築を考えるようになった。

まず、1955年、富士製麺を株式会社化し、文夫が社長、毅は専務取締役に就任した。2年後の57年には、創業地から1・5キロほど南の前橋市天川原町に工場・本社を新設した。すでにこの時点で、県内の乾麺業界では1、2を争う規模となっていた。工場も可能な限りの資金を投入し、できる限り最先端の設備を導入した。とはいっても、すべてがすべて自動化ができるわけでもなく、品質管理には手作業に頼らざるを得ない部分が大半だった。

とりわけ難しかったのは工場内の湿度管理である。工場内でうどんを乾燥させるのに通常は窓を開けていたが、雨が降ると湿度が高くなり、うどんが湿気で伸びてしまう。こうなると商品にはならない。そこで、毅は自宅寝室の屋根をトタンに替え、ポツポツと雨の叩く音が聞こえると、夜中だろうが飛び起きてオートバイを飛ばして工場に急ぐのだ。乾麺製造を始めてから、夜も落ち着いて眠れない生活が続いた。

素早い見極め

工場を新設して数カ月後、毅の頭には迷いが生じていた。乾麺製造は軌道に乗っていたが、かといって右肩上がりに生産量を増やせるわけでもない。すでに1955（昭和30）年ころから米の豊作が続き、食卓に白米のある風景が日常的なものとなってきて、乾麺需要が先細り傾向にあることは否めなかった。

そこで、「揖保(いぼ)の糸」で知られる日本最大の乾麺の産地、兵庫県西南部の播州地方へ毅は足を運んだ。乾麺業の最先端を確かめようと思い立って早速カメラを持って訪れたのだ。

確かに規模は大きい。乾麺業者が密集し、一社あたりの敷地も広い。広大な庭には、あたり一面天日干しがされている。しかし、工場内に立ち並ぶ設備類は、富士製麺と大差ないではないか。

視察旅行から帰ってくると、毅は富士製麺の社員であり、営業を務める竹村弘（現・大黒食品工業会長）のもとを訪れた。経営者と社員という関係とはいえ、同年齢で、しかももともと家業が造り酒屋という共通点のある竹村とは気が合い、なんでも気軽に相談できる間柄だった。テーブルの上に播州視察で撮ってきた写真を広げながら、毅は言った。

「規模が大きいとはいえ、最先端にもかかわらず手作業の占める割合が大きく、製造業として効率性は高くない。設備だけだったら、富士製麺の方が上だが、大量生産よりも少量品質主義の業界で、これ以上うちの会社を大きく成長させるのは無理だろう」

この言葉に竹村は衝撃を受けた。普通の経営者ならば、「トップの工場と遜色ないのだから、もうちょっと頑張れば日本で一番になることも可能かもしれない」と考えると思ったのだ。広い土地を買って、最先端の工場を建てたばかりなのに、もう見切りをつけてしまうのか。竹村は、この見極めの早さ、計算の冷徹さに舌を巻いた。

すでに毅は、酒屋、乾麺製造業に続く、新しいビジネスを模索し始めていた。とはいえ、この2つの事業が不振だったというわけではなく、泉屋は北関東最大だったし、富士製麺の乾麺にしても群馬ではトップクラスの規模に成長していた。

毅は新しいビジネスの模索として、バーの経営も考えていた。当時は、バー・キャバレーの全盛時代で、その流行度合いは今からでは想像もできない。前橋の市街地にもこうした飲み屋が軒を連ね、泉屋の受注もうなぎ上りだった。飲み屋は、泉屋から仕入れたウイスキーのボトルに何倍もの値段をつけて販売するから利益も大きい。ディスカウントで酒を販売するよりも、バーを経営した方が効率がいいのではないかと考えた。

そこで、毅は当初は富士製麺に入社し、後に泉屋に移っていた森田健太郎を東京のバーに研修に行かせたこともあった。ところが、森田が1年間の研修を終え、前橋に戻ってきた１９５８年の秋には、毅の脳裏では別のビジネスに対する興味が高まっていた。

「これしかない」

１９５８（昭和33）年の秋、ある新聞記事が毅の目にとまった。お湯をかけてすぐに食べられる即席麺「チキンラーメン」が関西で売り出され、ブームになっているという記事だ。売り出しているのは、サンシー殖産（日清食品を経て現・日清食品ホールディングス）という大阪の会社のようだった。

「これは面白い」

毅はすぐさま取引のある日清製粉の担当者に頼んで商品や資料を取り寄せてもらった。その後、日清製粉には粉の分析、配合などを相談し、業界進出に向け大きな手助けを得た。製法は簡単に言うと、小麦粉、塩、水で練り込んだ麺に味を付け、その後、油で揚げて乾燥させる。後に、前者の麺に味を付ける方法が「味付乾麺の製法」、そして後者が「瞬間油熱乾燥法」という名前で特許登録され、即席麺製造において必要不可欠な技術となる。

チキンラーメンを試食してみると、確かにうまい。熱湯をかけて2分で食べられるというスピードも素晴らしい。麺に味が付けてあり、2分の間にお湯の中にエキスが溶け出し、お湯がスープに変わるというわけだ。発売当初の即席麺は麺自体に味がつけ込んであるのが大きな特徴だった。毅はたちまちこの即席麺という商品に魅せられた。チキンラーメンが発売された１９５８年ころ、うどんは1玉6円程度だった。それに対して食堂で食べられるラーメンは1杯40円、チキンラーメンは35円。当時の即席麺は概ね現在の500円に相当する。決して安くはない。それでもすぐに人気が沸騰しつつあった。

当時、1955年から始まった神武景気は勢いを増し、翌年、経済企画庁は経済白書の中で「もはや戦後ではない」と書いた。実際に冷蔵庫・洗濯機・白黒テレビが三種の神器と謳われ、高度経済成長が軌道に乗りつつあった。人々は仕事に忙しく、時間に余裕はない。そんなとき、熱湯をかけて2分で食べごろになる即席麺が流行らないはずがない。毅には、高度経済成長という時代にフィットしたこの商品が時代の寵児になるだろうということがよく理解できた。

「これしかない」「面白い」という当初の直感は、やがて確信に変わっていった。ただ、当時、世間でも「単なる流行りものじゃないか」という意見が主流を占めたのも事実だったようだ。時代をシンボライズする大ヒット商品になると考えた人がどれほどいただろうか。毅の考えは徐々に固まりつつあった。

「俺は即席麺をつくろうと思う」

毅が家族に宣言すると、「また面倒なことを持ち込む気か。あんなものが売れるわけがない。酒屋と乾麺を地道に続けていればいいではないか」と、当然のように一同から猛反対を受けた。

即席麺　黎明期

ラーメンの歴史をひもとくと、もともとの起源が中国に求められるのは間違いないが、日本のようなラーメンは中国にはない。

「老麺（ラオミエン）」という中華風そばが、もとになっているという説もあるが、ラーメンは日本式の食べ物であり、幕末に開港した長崎や神戸、横浜などで盛んに食べられるようになり、「南京そば」や「支那そば」として各地に広まったのではないかという説がある。

だが、ラーメンの製法についていえば、そもそも清の時代、中国では油で揚げる製法の「伊府麺（イーフーメン）」なる麺がつくられていた。明朝時代の帝王が点心として愛用したという「鶏絲麺（チーシーメン）」もまた古くから中国にあった、油で揚げる麺の料理である。このように後の即席麺の製法における重要なヒントは、既にこの時代の中国に求められるという見方もできる。

明治の末期、横浜の中華街にラーメンの原型が初登場し、１９１０（明治43）年には日本初のラーメン店「来々軒」が、当時東京で最先端の歓楽街だった浅草に登場した。その後、ラーメン店は全国の津々浦々に浸透していった。

１９４９（昭和24）年、大阪の松田産業（現・おやつカンパニー）が、生麺の生地を茹でた後に天日乾燥させる「広東麺」を発売している。同社は後にラーメンづくりの過程で製品化できない「かけら」に着目し、１９５９年に「ベビーラーメン」（現・ベビースターラーメン）を発売し、大ヒットさせた。

１９５３年には、千葉県の村田製麺所（現・都一）の村田良雄が屈曲麺製法という特許を申請している。ただ、これは麺を蒸してから乾燥させるもので、味も付いていないし、油で揚げることもない。別にスープが必要となる。ラーメンのスープは家庭で簡単につくれるものではないから、どちらかといえば業務用に使われた。特に山小屋などで供せられるラーメンは都一のものが主流で、山歩きが趣味だった毅にはなじみ深いラーメンだった。

こうしたどちらかといえば乾麺的な手法のラーメンから、一気に進化し革命的な商品として世の中に登場したのが日清食品の「チキンラーメン」だった。

蒸した麺を味付けして油熱で乾燥する画期的な加工技術による商品化だった。製麺、蒸熱処理、味付け、油揚げ乾燥という即席麺の基本が確立されていた。ほぼ同時期に、同様な方法で東明商工の「長寿麺」や大和通商の「鶏糸麺」が発売されたが、これらの商品は量産化することができなかった。これらの3商品のうち量産化に成功し事業として成功したのは「チキンラーメン」のみである。

蒸した麺を油で揚げる。即席麺のおいしさ、そして保存性を際立たせる貴重な製法だ。即席麺を即席麺たらしめる製法上の特徴こそが、「油で揚げる」という工程だったのである。

58年末から59年初頭にかけて、前述した東明商工や大和通商、日清食品の3社は相次いで即席麺の製法に関わる特許を申請した。即席麺の製法に関わる特許が相次いで出願されたことを、このころの毅はまだ知らない。ただ、即席麺に対する熱い情熱を燃やしていた。

人生を変えた結婚

即席麺元年とも言える1958（昭和33）年には、毅の人生にとっても大きな変化があった。この年、28歳になった毅は、酒造業を営む柴崎家の長女、柴崎喜代子と見合い結婚をした。

柴崎家が経営する柴崎酒造は、1915（大正4）年の創業だった。銘柄は、地元で有名な名瀑から名前をとった「船尾瀧」。全国新酒鑑評会では入賞の常連で、1954年には金賞を獲得するなど、高級酒造りで定評があった。

造り酒屋で生まれ育った喜代子は、厳しく躾けられ、家事全般が堪能だった。特に料理の腕前は確かで、舌の感覚にも優れていた。味見をしただけで、足りない成分や余計な成分を理解した。

喜代子の料理の力は、やがて毅の即席麺づくりになくてはならないものになる。

喜代子は毅と結婚してすぐに「とんでもないところに嫁に来た」と思った。朝から夜中までかけずり回る毅は、口から息を吐くように「バカヤロー」と、１日に何十回も部下を怒鳴り飛ばしている。従業員は全部で５人いて家の近い森田以外は住み込み、注文取りや配達で夜中まで働いた。休みは月に1度だけ。

喜代子は、お店の手伝いから始まって、家族に加え従業員全員の食事作りまで休む間もなく働きづめだった。一口に食事作りといっても、仕事は朝7時から深夜12時まで続くから朝食、昼食、おやつ、夕食、夜食と、１日中料理作りに追われているようなものだった。

当時の前橋の街中は、さながら不夜城だ。いつまで経っても喧噪の絶えない、眠らない街だ。泉屋はその中心部にあって、井田家の家屋も敷地内にあった。しかも酒屋だけでなく、富士製麺もあったから、その忙しさはそれこそ目が回るようだった。

創業当時の柴崎酒造

episode

従業員全員にバイク

泉屋や富士製麺の経営をしていた時代は、毅にとっては、いってみれば雌伏期だった。泉屋の基礎を築いたのは父文夫だったが、戦後時を置かず再生し、瞬く間に北関東最大の酒屋と言われるまでになった。富士製麺も毅自身はその将来性を途中で見切ったものの、乾麺の分野では群馬県でトップクラスになった。

後年、毅は、必要と判断したときの大胆さとスピードには定評のある経営者となったが、この時代にすでにその萌芽が見てとれる。

当時、酒屋の従業員というのは丁稚奉公のような存在として見られた。ともすれば「根性」という言葉に代表される精神論の世界だ。お店の従業員は、ゴム草履に前掛けという出で立ちで自転車に乗って注文取りや配達に精を出すのが一般的だった。

毅は「ゴム草履では動きづらく、効率が悪いから靴を履け」と従業員に指導した。1958年にホンダからスーパーカブが発売されるとすぐに5人いた従業員全員に1台ずつ購入した。当然、自転車よりもスピードも運べる量も増強できたから、大きな取引先を開拓できた。機動力という面で自転車とは格段の差があった。

普段は質素倹約に徹するが、「これだ」と決めたときの投資の決断は当時から群を抜いていた。

第3章

業界へ参入

「何が何でもやり遂げる」

1959（昭和34）年になると、日清食品は着々と量産体制を整備して大手商社と契約を結んで大量流通ルートづくりに着手している。すでに同時期に即席麺を発売したほかの2社（大和通商・東明商工）を凌駕していた。

この年の秋には、日清食品と同じく大阪の梅新製菓（エース食品を経て現・エースコック）が、「エースコックの味付ラーメン」を発売した。

続いて、同年12月には福岡にある泰明堂（現・マルタイ）が「即席マルタイラーメン」を発売した。これは、通称「棒ラーメン」と呼ばれ、一般的な即席麺がちぢれタイプになっているのに対し、パスタのように棒状になっている。油で揚げるチキンラーメンに対し、こちらは生地を棒状に延ばし熱風で乾燥させるノンフライタイプだ。しかも発売当初からスープは別添だった。

この年、即席麺は徐々に人気の兆しを見せてはいたが、参入業者もまだ限られていたため生産量は7000万食にすぎない。

こうした動きを眺め、参入の準備を進めている者や会社が全国に数多くあった。毅もその一人だった。一刻も早く、即席麺づくりをスタートさせたかったが、その前に社長である父の文夫や家族を説得しなければならなかった。

「即席麺など流行りものに過ぎない」「即席麺はきわものであり、真っ当な商品ではない」という家族と、乾麺事業に見切りをつけ、新たなステージを模索し即席麺に活路を見出していた毅の意見は噛み合わない。家族は毅が一時的に熱病にうなされ、本業を見失っている程度の認識だったようだ。

そのころ、先述の竹村弘はすでに富士製麺を退職し独立して乾麺工場を経営していたが、相変わらず毅とは親しく交流を続けていた。ある時、その竹村に社長の文夫から連絡があり、家族会議に参加してほしいと頼まれた。渋々と家族会議に出ると、その席に専務の毅はいない。本人のいないところで話し合っても仕方ないと思ったが黙っていた。すると「あれは流行りもんだろう。バタバタしてやるものじゃないよなあ」と文夫社長が言う。弟たちも口を揃える。

「兄貴がね、頭に血が上ってしまって、何が何でもやると言ってきかない。親父さんが言っても、聞く耳を持たない。みんなが反対しているんだから、少しは考え直してもいいんだけど、一歩も譲る様子がない。それで、兄弟みんな困っている」

竹村を呼んだのは、もう家族の説得ではどうしようもないからだった。友人の竹村から「みんなが反対しているのだから、少しは冷静に考え直せ」と説得してくれというのだ。

竹村は、一度決めたことを毅が翻意することなどないのは分かっていた。また、周囲から反対されれば逆効果であり、さらにますます前のめりになるのが毅の性格だ。周りの意見と反対の道をあえて選ぶというような反骨心があった。

竹村は毅を自分のアパートに呼んだ。

「周りもみんな反対していることだし、もうちょっと冷静に考えたら」と一応切り出してはみた。もちろん、納得しないのは承知だ。

「いくらみんなに言っても理解してもらえないけど、なにがなんでも即席麺をやらなければ駄目なんだ」

毅の決意は固かった。そして、説得の役目を請け負っていたはずの竹村も毅の熱意の影響を受け、やがて同じ業界に身を投じていくことになる。

相次ぐ参入業者

1960（昭和35）年早々に東京の明星食品が「明星味付ラーメン」を発売した。いよいよ、関東にも大手メーカーが参入した。さらにこの年、大栄食品、永安食品、光食品、日産食品、グルサン、大阪ハム、石川食品、スターといった食品会社、さらには三井物産、丸紅飯田（現・丸紅）などの商社が即席麺事業に参入してきた。

『日本即席食品工業協会50年史　競争と協調の50年』によれば「昭和35年（1960年）の9月には、すでに20余種の即席麺が市場に出回っていた」とある。

こうした黎明期の勃興の中心的存在だったのが、日清食品の「チキンラーメン」だった。他社の中には、ネーミングやパッケージをコピーする業者が続出し、商標登録をめぐる紛争が勃発したことも「チキンラーメン」のインパクトを物語っている。結局、翌年9月には「チキンラーメン」が商標登録され、争いに終止符が打たれた。

商標争いで物議をかもしたとはいえ、逆に社会的にも認知度が高まり、多くの参入とともに即席麺はブームとなっていく。しかし、このブームは黎明期においても決して右肩上がりだったというわけではない。

61年3月には、東京浅草にある松屋デパートで日本食糧新聞社が主催する全国即席麺コンクールといったイベントが開かれるほどの盛り上がりを見せていたが、その一方で「チキンラーメン」の商標権侵害からも推測されるように、その品質においても安易に粗悪品を市場に送り出すブーム便乗企業が多かったことも事実で、すでに淘汰の波もあった。

後発組となる会社にとっては、クオリティーが高くない業者が多数存在していて、淘汰されてしまう企業も多かったという状況はむしろ助けになったと言うべきだろう。この時期に完全にシェアが確定していれば、入り込む余地すらなかったのだから。

満を持してトライ

即席麺が最初のブームとなった１９６０（昭和35）年。この年、かつて毅に乾麺事業への参入を勧めた鄭桐田の経営する富士食品工業（本社・高崎市、横浜市にある富士食品工業とは別会社）は一足先に即席麺業界に参入を果たしていた。明星食品の下請けからのスタートだった。前述したように、明星食品は、この年1月に「明星味付ラーメン」を発売していた。

鄭は飲食店も経営し、相変わらず泉屋の顧客でもあったから、時折、泉屋を訪れては毅や文夫らと雑談をしていく。その中で、盛んに「即席麺はいいよ。これからは即席麺だ。井田さんもやったらどう」と勧めていく。

実際に参入した人から直接に話を聞いたこともあり、毅の周囲にいる人たちの反対のトーンも弱まっていったものと思われる。すでに参入業者も増えてきて、一刻も早く準備を進めないと乗り遅れてしまう段階にあった。

１９６０年、文夫社長も納得してくれ、毅はいよいよ即席麺づくりに着手する。取引先の製粉会社から製法に関する資料を取り寄せ、試作に取りかかった。富士製麺は乾麺製造の技術を持っている。当然、麺づくりの途中まではこの技術を応用できる。富士製麺工場の一角を即席麺づくりのスペースとし、工場長には乾麺づくりの経験を持つ森田を任命した。

即席麺づくりの流れは、簡単に言うと、製麺、蒸し、味付け、油揚げ処理、乾燥、冷却だ。製造工程は分かっているが、その一つずつに独自の作業基準が必要となる。ここがうまくいかないと、しっかりした良質な麺はできない。

富士製麺がもともと所有していた乾麺づくり用の製造機械があったから、その機械の改良を試みた。毅は機械については専門外であるが、最適な状態を見極め改良の方針を判断する点においては天才的なひらめきがあった。ある時、助手の技術者に付き添って蒸し機の改良に取り組んだ。

創業当初の乾麺製造ライン

作業が軌道に乗ってくると途中でやめるわけにはいかず、徹夜をしながらようやく完成させることができた。ところが、稼働開始予定の朝になると、やはりイメージとは異なる。どうしても納得できず、せっかく徹夜までして組み立てたのに機械を取り壊してしまったこともあった。
麺を油で揚げる。これが即席麺の保存性を高め、独特の風味を出す。当時、この工程が即席麺づくりの肝だった。
蒸して味付けした麺を1食ずつバスケットに入れて油槽に通す。この工程は半分手作業みたいなものだが、毅が考案し、富士製麺ではバスケットにチェーンを取り付けて半ば自動化した。他社では、この油槽からの上げ下げを手作業で行っているところもあった。

製造工程通りに油で揚げたはずなのだが、まとまった形に固定できず、崩れてしまうことが多かった。ひどいときは粉状になってしまう。何かが足りないのだ。なかなか突破口が見あたらず、試作は停滞してしまった。次々に参入する他社のニュースを耳にするたびに、毅は焦りを募らせていた。「チキンラーメン」をめぐる商標争いのニュースが話題となっていたが、富士製麺はスタートラインにも立てていなかった。

このころ毅は竹村に「うまくできねえ、うまくできねえ」と苦悩を打ち明けている。周囲の猛反対を押し切ってスタートしただけに毅も必死だった。

竹村は「付き合いの長い鄭さんに教えてもらえばいいじゃないか」と言った。だが、毅も既に鄭には教えを請うていた。「申し訳ないが、明星の下請けをしている手前、情報漏洩になるから製法を漏らすわけにはいかない」という答えだったという。「問題ない範囲内でヒントだけでも」と何度も頼み込んだが、らちがあかなかった。

その解決法を見つけたのは工場長をしていた森田だった。森田は考えられる限りの素材を、配合などを変えつつ朝から深夜までかけて連日片っ端から試していった。

そんなある日、ようやく「これだ」というものにたどり着いた。一種の糊を麺に練り込むと、油で揚げても油を吸いすぎないし、全く崩れない。森田は喜び勇んで毅に報告した。

「なるほどな、そうだったのか」。早速、大量生産に向けて試作を続けると、失敗品の割合も激減した。ようやく品質を安定させることに成功した。

台所でスープ作り

即席麺づくりのもう一方の要は、味付けのスープだ。スープ作りは自宅の台所で行った。スープ作りを行ったのは、妻の喜代子。料理が得意で、味覚に秀でていた。1960（昭和35）年の4月、長女を出産した喜代子は、乳児を背中におぶった状態で、台所にこもった。

先行する「チキンラーメン」という名前から分かる通り、当時はラーメンと言えばしょう油ラーメンで、しかも出汁は鶏だった。

喜代子のスープづくりは、鶏1羽を丸ごと煮込むところから始まる。この煮込み方によって、スープの品質は全く変わってくる。喜代子がこだわったのは、スープを濁らせないよう、きれいに澄んだ状態に煮込むことだ。濁る程沸騰させると鶏がぐちゃぐちゃになって、スープの中に雑味が溶け出してしまう。

喜代子が作り上げたスープを毅が味見する。2人が納得できるまで、試作を繰り返していく。納得できる状態になったら、そのスープとレシピを富士製麺の工場に持ち込んで、ラーメンへの練り込み作業を行い、即席麺に仕上げる。スープの味付け作業は、カットした蒸し麺をタライの中に入れてスープを吸わせるという原始的なやり方だった。

ここでできた試作品を今度は2人で試食する。そして、納得できるまでスープの調合や麺への練り込み度合いなど工夫を繰り返し、試食を繰り返す。ここで頼りになったのは、喜代子の味覚で、調味料を増やしたり減らしたり、水分の調節など細かいオーダーを繰り返し、完成度の高い試作品づくりに役立った。

　こうして、「これなら自信を持って市場に送り出せる」という試作品が、毅の台所で完成した。年が明け、1月になっていた。毅には大きな手応えがあった。

「何よりも自信を深めたのは、試食したモニターの方が、味のよさと品質のよさを高く評価してくれたことです」

下請けからスタート

　試作品が成功すると、量産化の準備を始めた。富士製麺の本社工場内に即席麺のラインを1つ設置した。

　市販化と同時に社名を富士製麺株式会社からサンヨー食品株式会社へ変えた。社名を考えたのは、もちろん毅だった。サンヨーとは三洋のことで、太平洋・大西洋・インド洋という3つの大きな海を股にかけるようなスケールの大きな会社を目指したいという志を込めた。

　同時に文夫と毅は、「良い味の創造」を経営理念に、「迅速なる行動、熱心な販売」を社是に掲げ、新たな挑戦に立ち向かった。

　この社名と同じ「サンヨーラーメン」という名前をつけて、即席麺第1号を発売した。発売といっても流通網

大洋に漕ぎ出す船をイメージした
サンヨー食品のコーポレートマーク

はない。できることは富士製麺時代に取引のある顧客のところに商品を置いてもらうよう、営業活動を行うことくらいだった。

即席麺事業への進出を機に、大学卒業後、東京都内の酒問屋で修業していた毅の弟の信夫が入社し、営業を担当することとなった。以降、信夫が営業面を牽引し、開発・製造などを統括する毅とともにサンヨー食品を車の両輪のように盛り立てていく。

社長の文夫と専務の毅、営業担当の信夫を先頭に工場長の森田ら社員たちが総出で米穀関連の問屋やその小売店まで鍋と丼、「サンヨーラーメン」を持って回り、その場でつくって、できたてを試食してもらった。

結果として、これはうまくいかなかった。味が良いのは認めてもらえても、即席麺の売れ筋は、テレビコマーシャルを流す大手メーカーの商品だったから、無名な商品は売れないだろうと判断されたのだ。

森田は「あんたのところは、テレビでコマーシャルを流してないから。テレビコマーシャルを流せば、置かせてもらうよ」と言われ断られた。それを毅に報告すると「テレビCMなんて、お金がどれだけかかると思っているんだ。とてもうちにはそんなお金はない」と言って、途方に暮れた。この顧客の反応は、以後、毅の脳裏に突き刺さるように残ることとなった。

そんなわけで、既存顧客に一通り営業をかけたところで行き詰まってしまった。

「あけぼのラーメン」

一方、高崎の鄭桐田が明星食品の下請けとして営業しているのを見て、サンヨー食品もまずは大手の下請けとして活路を見出すしかないだろうとの結論に至った。

しかし、文夫にも毅にももちろん大手メーカーとのコネクションはない。そこで、毅の伯父にあたる木暮武太夫を頼ることにした。戦後、衆議院議員や参議院議員を続けていた木暮は１９６０（昭和35）年には運輸大臣となっていた。木暮が紹介してくれたのは、大手水産会社の日魯漁業（現・マルハニチロ）だった。

この年は即席麺事業への参入が爆発的に増えた年で、乾麺などの食品メーカーだけではなく、缶詰の生産販売を主力とする企業の参入も目立った。そういう状況の中で、日魯漁業も参入を模索していたが、自社でゼロから製造を始める時間的余裕はない。当然、提携先を探そうと考えていたところだった。そんなところに、現役の運輸大臣からの紹介があったから効果があったのだろう。競合もあったものの、サンヨー食品が提携先に指名された。

「これで、なんとかなる」と考えた毅は、森田らと協力して日魯漁業からのオーダーに応えられるよう生産設備を増強させ、社員も雇った。

日魯漁業のブランド名は「あけぼのラーメン」だ。提携開始と同時に、大量の注文が入った。工場内は一気に活気づき、朝から晩までフル回転した。最初の注文をさばくのに1カ月を要した。ところが、そこから先の注文がなかなか入らない。最初の一斉注文だけでぱたりと止まってしまったのだ。

日魯漁業は本業が缶詰だから、現場の営業も即席麺の売り込みを最優先するわけではない。日魯漁業も即席麺では後発ゆえ、先行する大手には販売力で遅れをとった。以降、注文が入るにしてもとても増強した生産設備や新たに雇った社員に見合うような数量ではなかった。下請けの悲哀を感じないわけにはいかなかった。

このままでは工場は回っていかないし、なんとか打開策を見つけなければならない。森田が当時のことを振り返る。

「なんとかして工場を回転させないといけないというので、日魯漁業以外の販売ルートを模索しました。例えば、農協に売り込み『農協ラーメン』というネーミングで農協のネットワークを利用して商品を売り歩く許可を取り付けるなど、できることは何でもやりました」

こうした地を這うような地道な営業を続け、なんとか一旦始めた即席麺製造の命脈を保ったのである。

また、毅はもっと確実な下請けを模索し、鄭桐田が取引をしていた明星食品の奥井社長のところへ売り込み営業に赴いたことがあった。この時の話を竹村弘は毅から聞いていた。初代の奥井社長は毅に言った。

「井田さん、うちの仕事をやってくれるというのもいいけれど、これから即席麺をやっていくのなら、自分で売ることを考えたらどうですか」

この答えを聞いて毅は吹っ切れた。下請けのままでは、世界の海を股にかけることなどできないではないか。日魯漁業の下請けとしての2年間は会社に信用力を付けたという点では決して無駄なことではなかった。しかし、このままでは先が知れている。次のステップに進むべき時期が来ていた。

「もう一度、自社ブランドで本気の勝負をしよう」

もう毅に迷いはなかった。一級品の即席麺をつくり、万全の体制で勝負したいという思いがあった。もしこのとき、明星食品が下請け取引を受け入れていたら、サンヨー食品の未来はまた変わったものになっていたかもしれない。

ともあれ、即席麺で一旗揚げようという思惑を持つのは毅だけではなく、全国有数の小麦粉産地である北関東では乾麺から即席麺に進出する業者が目白押しだった。

一例を挙げると、1961年に「ヤマダイラーメン」を発売した大久保製麺（現・ヤマダイ、本社・茨城県八千代町）、1962年から即席麺の製造を始めた丸橋製麺工場（現・まるか食品、本社・群馬県伊勢崎市）などがある。

「ピヨピヨラーメン」

毅は喜代子と二人三脚で開発した即席麺の品質には自信があった。とはいえ、「あけぼのラーメン」と全く同じ内容で発売するわけにはいかないから、これをベースにさらにブラッシュアップを図った。それと同時に、営業の主力となるスタッフを新規に採用して発売の準備を進めた。もう失敗は許されないのだ。

実質的な自社ブランド第1号の商品名は、「ピヨピヨラーメン」だ。この一見、奇妙なネーミングの由来は何だったのか。当時、サンヨー食品は「旭味」といううま味調味料を使用していたのだが、これを製造しているのが旭化成だった。旭化成は「ぴよぴよ大学」というラジオ番組を提供していた。この「旭味」の広告物には、ヒ

「ピヨピヨラーメン」

ヨコがアイキャッチャーとして使われていた。そんなところから、「ピヨピヨ」を商品名として使わせてもらった。

それは一つの理由だが、裏に込められているのは、当時、即席麺といえばベストセラーは「チキンラーメン」であり、この「チキン」に対して誕生したばかりのよちよち歩きの「ヒヨコ」という意味を含んだ「ピヨピヨラーメン」という遊び心のあるネーミングにしたというのが真相だった。また、主たるターゲットは子どもたちであることからも、親しみやすいネーミングとしてふさわしかった。

乱立する即席麺メーカー

「ピヨピヨラーメン」の販売における戦略を理解するには、発売当時である1963（昭和38）年前後の即席麺業界の事情を理解しておかなければならないだろう。

1962年の即席麺の販売食数は、前年の2億9千万食から右肩上がりに伸び4億5千万食となった。すでに、チキンラーメンの日清食品、エースコックラーメンのエース食品、明星ラーメンの明星食品が3大銘柄、3大メーカーとなり、この3社だけで市場占有率は6割を超えていた。

1963年時点で、この3大メーカーに続く中堅12〜13社の売り上げを合わせると、市場占有率は9割に及んだ。この年の末時点で全国約100社と言われていたから、零細メーカーが数多く占めていたのである。

ところで、この中堅メーカーだが、1963年春に発行された『酒類食品統計月報』によると、島田食品（シマダヤラーメン）、東横食堂（東横ラーメン）、松永食品工業（トノサマラーメン）、永安食品工業（マイラーメン）、日本水産（ニッスイラーメン）、日魯漁業（あけぼのラーメン）、日本冷蔵（ニッサンラーメン）、宝幸水産（ほにほラーメン）、大洋漁業（マルハラーメン）、丸紅飯田（ベニーラーメン）、極洋捕鯨（デイリーラーメン）、明治製菓（明治ラーメン）が挙げられている。

ここで注目したいのは、日魯漁業（あけぼのラーメン）が中堅企業として載せられている点だ。日魯漁業の工場は、前橋のほかにもあったようだが、前橋工場では日産7万食とある。この数字は工場のキャパシティーだろうから常にこれだけの需要があったわけではないにせよ、サンヨー食品にとって日魯漁業の下請けとしての2年間が、ノウハウの蓄積や実績づくりに奏功したのは事実であろう。

１９６２年で注目すべき展開は、明星食品がスープ別添タイプの商品を市場に投入したことだ。明星食品はでん粉を使ってスープを粉末化する技術を開発した。これをきっかけに各社がさまざまなスープを工夫し、味の多様化の起爆剤となっていく。また、スープ別添により少なくとも「味付け麺」の製法特許に関しては抵触しないという利点もあった。

翌63年には、ほぼ倍増の8億5千万食に到達し、即席麺のメーカーも翌64年には１６０社まで増えた。

サンヨー食品も業界団体に

さて、即席麺の製法に関わる特許申請が１９５８（昭和33）年の終わりころ、相次いだと述べた。それは当時の業界を数年にわたって震撼させる大問題となっていた。

毅が業界参入する以前のこと、参入してからも下請け時代の出来事が主だが、混沌とする業界の歴史は避けては通れない。ここでは、その経緯だけを述べるにとどめる。

60年9月、大和通商の「素麺を馬蹄形状の鶏糸麺に加工する方法」が公告となった。続いて同年11月には、東明商工の「味付乾麺の製法」と日清食品の「即席ラーメンの製造法」が、同時に公告された。この時点で、3つの特許公告が出そろう状況となった。少し遅れて62年6月にはエース食品（現・エースコック）の「即席中華麺製造法」が公告される。

61年8月には東明商工の特許は日清食品に譲渡された。そして62年6月、日清食品の特許2つが成立すると、日清食品は、乱立する業界各社の製法は、同社が持つ2つの特許のいずれかに抵触するとして、実施契約の締結を促すとともに全日本即席ラーメン協会を結成した。

実はこの協会加盟36社の中に、サンヨー食品もいち早く名乗りを上げていた。このとき、サンヨー食品はいまだ日魯漁業の下請けとして思うような実績を残せず悪戦苦闘していた時期だ。だが、毅には絶対に成功するという確信があり、そのためには日清食品の提唱するグループに入るのが先決だと考えていた。情報に敏感な毅が、将来を睨んで早々に特許の問題もクリアにしておこうと考えたのだろう。

毅が発起人に

さらに2カ月後には、サンヨー食品が発起人となって、大久保製麺、丸橋製麺工場をはじめ有力11社で北関東即席ラーメン工業協会を設立した。北関東は日本屈指の小麦粉生産地帯であり、乾麺から即席ラーメン業者へ転身を図った企業が多かったのである。この協会を意図したのは毅だった。協会では、商品の末端価格の統一や品質向上を申し合わせた。

全日本即席ラーメン協会が設立された１９６２（昭和37）年7月には、さらにエース食品を中心とした日本即席ラーメン協会（加盟7社）、さらに大和通商を中心にした全日本即席ラーメン工業会（加盟８社）が結成された。このように特許をめぐって業界は３つのグループに分断され対立を深めた。さらに全日本即席ラーメン協会サイドは、特許実施権の管理を強化し、静岡・関東・甲信越以北の管理代行のため関東即席ラーメン工業協同組合を設立していた。

こうした事態に食糧庁は業界の大同団結を実現するよう、再三にわたって和解勧告を行った。業界全体の一本化と特許権管理を分離しようという妥協案も模索され、またスープ別添化も始まり、特許係争の意味合いも徐々に薄れていくとともに、対立は少しずつ雪解けに向かった。

大同団結

こうした中、１９６３（昭和38）年9月、日清食品と大和通商の間に和解が成立し、同年11月エース食品の特許が成立すると、翌年には日清食品とエース食品の間でも和解が成立した。

ところが、こういった大同団結の動きとは別に、地方では独自の動きが並行し、同年秋から翌年にかけて、群馬、栃木、茨城、埼玉各県の即席麺メーカー14社による東日本即席ラーメン協会、九州地区20社による全九州即席ラーメン協会、中部地区12社による中日本ラーメン協会（後に中日本ラーメン工業協同組合に改称）、中四国地区17社による中四国即席ラーメン協会が相次いで結成された。

この地方の動きと並行するように大同団結の動きもさらに進んだ。

１９６４年1月には、日本即席ラーメン協会結成へ向け第1回設立準備委員会が開かれた。しかし、そこで話は一直線に進まない。対立の根っこは深く、各社それぞれに言い分があったから、簡単に話はまとまらなかったが、特許管理と業界団体を切り離すという決着を見た。

同年5月、日本ラーメン特許株式会社が発足。同社は、日清食品、大和通商、第一食品工業、都一製麺、村田良雄といった各社・各人が持つ即席麺製造に関わる特許権の管理を委ねられた。

6月16日、ようやく日本ラーメン工業協会が誕生し、59社が加盟した。この59社の中にもサンヨー食品は当然入っている。ピヨピヨラーメンがヒットして1年経ち、中堅メーカーとして頭角を現し始めていたころだった。自信を持って、業界の正常化の先頭に立とうという気概を毅は持っていた。

ところが、東日本即席ラーメン協会だけは反発し、各協会に加盟していない全国の中小メーカーを集め、日本ラーメン協同組合に改組して対抗した。食糧庁の立ち会いによる再度の話し合いの末、業界団体が日本ラーメン工業協会に一本化されるのは、１９６５年末になってからのことだった。各社はようやく特許問題から解放され、商品開発に集中できるようになった。なお、その後、スープ、かやく、包材など関連するメーカーも会員として加わり、１９７１（昭和46）年5月、「日本即席食品工業協会」に名称変更し、現在に至っている。

episode

「ベロメーター」

毅が即席麺に進出を果たすときに、大きな戦力となったのが井田喜代子の料理の腕前だった。喜代子の料理の腕前はプロ並みである。レストランで食べた料理は、たとえ高級中華料理であれフランス料理であれ、レシピがなくても台所で再現できた。舌の感覚が常人のレベルを超えて優れていたのだ。特に塩味の濃淡には敏感で、有名シェフの料理でも塩味が決まっていなければ満足しなかった。

商品開発においては試作を繰り返しながら、理想の味を実現する。喜代子は味見を行うと、さまざまな成分のうち足りないもの、逆に多すぎるものを的確に指摘し、増やす場合、減らす場合の分量さえも素早く指示を出すことができた。

こうした喜代子の鋭敏な味覚のおかげもあって、ノウハウもない中でも、サンヨー食品は最初の製品である「サンヨーラーメン」から味の良い即席麺を生産することが可能だったのだ。

毅をはじめ社員らは、喜代子の味覚を「ベロメーター」と呼んだ。まだ開発室もない初期のサンヨー食品では、喜代子の味覚を基準とし、だれもが信頼していた。

一方、毅も自らの味覚には自信があり、「俺の舌は百万ドル」と自称した。

開発室が組織的に商品開発を行うようになると、毅は試作品を自宅に持ち帰り試食するのが常だった。毅は、喜代子と2人で食べ比べ、喜代子の意見を参考にした。最強の2人による試食から、ヒット作が生まれていったのである。

北関東の即席ラーメンメーカー分布一覧

（1964年３月末現在・日本食糧新聞1964年３月30日掲載）

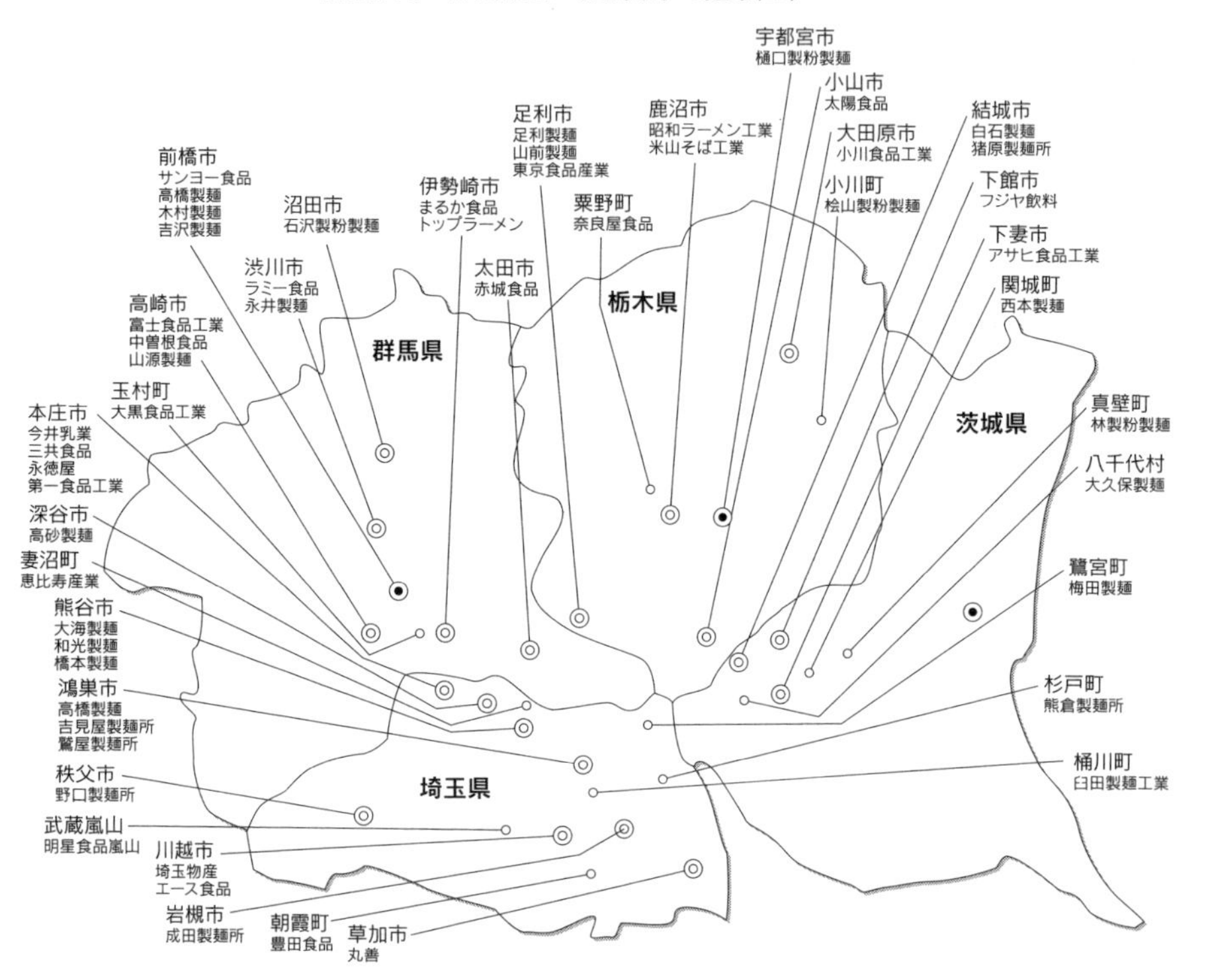

第4章

テレビCMに賭ける

博報堂に直談判

毅は、無名の自社ブランドを最初の「サンヨーラーメン」のときと同様に地味な営業だけで売り込んでも無理だと考えていた。売り込みのとき、お客から言われた「テレビCMを打てば、置かせてもらうよ」という言葉の意味を噛みしめていた。大量販売を実現するにはテレビCMしかないと考えるようになっていた。

民法テレビ放送は富士製麺設立の1953（昭和28）年からスタートしていた。1957年には三種の神器の一つと称された白黒テレビは以降爆発的に普及を続け、東京オリンピックを前に既に90％という高い普及率に達していた。カラー放送も1960年には始まっている。テレビこそ、大量消費社会の牽引力だった。即席麺業界でも大手企業はこぞってテレビCMに力を入れていたのだ。

だから、テレビCMによって勝負するしかないと毅は考えたのだが、大手企業がみなやっている以上、そこに割って入るには当然リスクを伴う。投資が大きいだけに、一歩間違えば経営基盤の崩壊につながる。かといって、テレビCMを打たずにサンヨーラーメンの時と同じ方法では座して死を待つばかり。テレビCMは、無名のサンヨー食品が商品を大々的にPRするのに最適だった。

前に進むしかない。毅は、テレビCMに賭けようと決めた。

といっても、ノウハウはない。当時、大手の広告代理店は今と同様に、電通と博報堂だった。毅は、このうち博報堂に相談しようと電話をかけた。ところが、電話に出た営業担当者は、こちらのことを説明しても全く知らないようだった。無理もない。ピヨピヨラーメン発売前夜であり、それまで地方の一下請け企業に過ぎなかった。とにかく「来てくれ」というので、毅は神田錦町にあった博報堂まで出向いた。毅は当時のことを回想している。

「担当者に会ったら、おたくはどんな会社か、といろいろ尋ねられ、経歴書を出したり、商品を見せて説明して、ようやく納得してもらったようなわけです」

毅は、テレビコマーシャルに社運を賭けていたから、予算として３０００万円を用意していた。これまで爪に火を灯すようにして貯めたお金が５０００万円ほどあった。そのうち、設備資金と運転資金を引いて残ったのが３０００万円。これを全部一気に投入してしまおうというのだ。早速、博報堂の担当者と、コマーシャル制作の相談に入った。

地道な営業の日々

ピヨピヨラーメンの発売は１９６３（昭和38）年7月と決まった。価格は20円。先行する他社の即席麺は1袋30～35円だから、かなりお得感のある価格だった。後発業者が市場に割って入る際、大胆な価格戦略をとるのはある意味鉄則でもある。

マスメディアによる広告宣伝を展開する方針は固めたものの、信夫をはじめとする営業担当による地道な販促活動をおろそかにするわけにはいかない。むしろ、他社を圧倒する営業活動が必要だった。というのも、63年7月の時点で、すでに関東地区の即席麺市場は明星食品やエースコック、日清食品、島田屋などの大手メーカーにシェアが固められ、参入は容易ではなかった。

だから、首都圏はさておき、まずは群馬、次に北関東、そして甲信越を中心に攻めた。

「とにかくテレビコマーシャルを打って空回りしたら捨て金になってしまう。とりあえず店頭に並べようではないか」

毅のかけ声の下、文夫社長と常務取締役に就任した信夫を中心に新たに入社した女屋敏夫（現・サンヨー食品監査役）ら5人ほどの営業社員が中心となって、試食用の商品見本と湯の入ったポット、割り箸を持って、問屋や小売店、酒販店を片っ端から回った。商談の合間には持参したラーメンをつくり、その味に納得してもらい、新規の取引先を開拓していった。まずは商品を少しでも多くの店頭に並べなければ話にならないが、この「店頭に並べる」までが大事で、地道な営業につぐ営業の毎日だった。

この地道な営業は、文夫社長の真骨頂でもあった。文夫には確固たる営業上の信念があった。「何事もまだ聞くだけでは本当のことは分からない。見るものは本物を見よ。聴くものは自分自身の耳で聴け。味わうものは先ず食べてみよ。自信は経験の積み重ねで本物になる」

信夫、そして女屋をはじめとする社員らは、この言葉をそのまま実践していった。だが、一度訪問してその場で商談成立というような簡単なものではなかった。先行する他ブランドを差し置いて、ピヨピヨラーメンを優先して置いてもらうための道のりは決して容易ではなかったのだ。

営業マンたちは、朝から晩まで這いずり回っても思うような販売先を得られず、失意に打ちのめされながら帰社することも少なくなかった。それでも、「商いは断られたときに始まる」を念頭に、毎日早朝に出発し、1日十数軒にアタックを続けた。一度ではなかなか取引は成立しない。2度、3度と足を運んで試食までたどり着いてやっと商談成立に至る。こうして、1軒1軒取引先を拡大していった。北関東・甲信越地域にはサンヨー食品と取引を開始したごく初期の特約店がいまだに数多く残っている。

ＣＭ効果は絶大

販売から約2カ月、１９６３（昭和38）年9月1日。ピヨピヨラーメンのテレビコマーシャルが始まった。ＣＭが流れるのは、関東地区と新潟だった。黒柳徹子らとともに「テレビ女優第１号」といわれた女優・歌手の楠トシエを起用し、「ピヨピヨラーメン食べてみな」というフレーズが軽快なリズムとともに流れた。

このコマーシャルの効果は絶大だった。覚えやすい「ピヨピヨラーメン食べてみな」のフレーズが子どもたちに大受けで、１９６３年秋から翌64年にかけて関東では一気に認知度が高まった。当時、営業車には「ピヨピヨラーメン」の装飾を施し宣伝カーの意味も持たせていたが、営業車を見ると子どもたちが「ピヨピヨラーメン食べてみな」と口ずさみながら、集まってきた。戦国時代と同様の下克上の即席麺業界といえども、テレビコマーシャルを打つような中小メーカーはサンヨー食品しかなかったから、その効果も絶大だったのだ。

店頭での売り上げ急上昇はもちろん、問屋や小売店に対する強いアピールにより、新規の取引先開拓は以前よりも急テンポで進むこととなった。

温泉招待の特売

ピヨピヨラーメンの開発・宣伝に心血を注いだ毅だが、営業面では販売戦略を練り、また、新潟地区は富士製麺時代に引き続き、自ら担当した。

特に新潟県内を商圏としていた神山物産の販売促進担当、児玉幸雄と毅は親しい関係を築いていた。即席麺はサンヨー食品の商品しか取り扱わないという親密な関係である。

当時、新潟県内のどこの食料品店を歩いてもピヨピヨラーメンが置かれていたほどで、サンヨー食品の営業社員たちは「ラーメン部長」と呼んで慕っていた。児玉が前橋まで打ち合わせに訪れることも多かった。ある時、毅と児玉はピヨピヨラーメンの拡販をめぐって、泉屋の2階で膝をつき合わせていた。

毅は「この際、思い切って小売店の温泉招待の特売をやってみましょう。どうせ特売をするなら最も実効のあがる方法を選ぶべきです」と提案した。

「大丈夫ですか」と懸念する児玉に「利益は後日十分にちょうだいできるはずです」と毅は、強引に実行を決めた。

長岡での特売発表は、異例の熱を帯びたものとなった。このときのことを児玉は後日語っている。

「会は毅専務の演出で始まりました。20ケース（当時は1ケース72食入り）を単位として小売店を温泉招待するとの発表を聞いて参会の販売店はその異例の特売に唖然とし、あるいは耳を疑う様子さえありました。続いて質疑応答では会場の空気が一変、興奮の熱気が漂い満々の販売意欲が感じ取れたのです」（社内報『サンヨー』NO・55、昭和53年11月号）

この景品付きセールは、法規制が緩やかな時代ならではの特売戦略で、毅の目論見は見事に当たった。即席麺1ケースごとにピヨピヨマーク1枚をつけ、そのシールが一定数に達すると、販売店を温泉一泊旅行にご招待という当時としては斬新な販売促進だった。連日、３００人の温泉旅行招待を1週間にわたって続けたこともあった。

この特売は販売店の商売心を刺激し、大当たりした企画となった。毅の考案で始まり、うまくいっているのを見た他社が後追いするようになっていた。宝石商など高額商品を商う業界で始められていた手法だが、単価の安い即席麺業界での採用は、周囲をあっと言わせるのに十分だった。

特に毅は、自身唯一の営業エリアだった新潟での特売戦略には力を入れた。「中途半端な招待旅行ならやらない方がまし。かえって評判を落としてしまう」という考えから、新潟県の月岡温泉への招待旅行を行った。そのときの招待旅行は、招待客一人一人に芸者が隣に張り付くという豪勢なものだった。「どうせやるのなら、徹底的に楽しんでもらおう」という毅らしい徹底ぶりだった。

この招待旅行特売は他社が後追いするようになると派手さを競い合うようになり、バスの台数を競い合うなどは序の口で、ついには海外旅行まで実施するようになった企業もある。サンヨー食品もハワイ旅行を行ったこともあった。

さらに毅は、パイプ椅子をサービスに付ける、即席麺のケースに10円券、20円券、50円券などの金券を封入する、という販売戦略を考案し、売り上げ増に結びつけた。これらは公正取引委員会の指導があまりうるさくない時代ならではの販売戦略であり、厳しい指導が入れられるようになるま

1963年、初めて企画した小売店温泉招待旅行で、談笑する毅。企画は大当たりで「サンヨー食品の招待会は面白い」と取引先に大評判

でのゲリラ的な戦法だった。

とにかく拡販活動が営業の中心だったが、取引開始に成功した中でも特に協力的な販売店に同行してもらい、日常の拡販活動の合間を縫って、置き回りを行った。これも毅の考案から始まったことで、新潟では毅と意を通じた神山物産の取引先の問屋らと各地区を片っ端から回った。

一方、下請けで苦しんでいた時代に取引が始まっていた県経済連を通じて、養蚕農家への置き回りも行った。さらに、県内全域の農協を回り、農協の娘さんに営業車に同乗してもらって農家回りも始めた。

こんな具合に子どもたちへの浸透を狙ったテレビコマーシャルと低価格戦略、そして地を這うような地道な営業活動が奏功し、群馬をはじめとする北関東、そして新潟を中心とする甲信越地区ではピヨピヨラーメンの売り上げを急増させることができた。プロローグに出てくる創業10周年社員旅行での森田の「いずれ天下を取る」との発言は、このころのものだ。社内には「いける！」というムードが高まっていた。

だから、毅はもちろん、毅を支える社員たちも地方メーカーで終えるつもりはみじんもなかった。群馬近県にある程度浸透し、次のターゲットは当然、首都圏だ。

毅の野望

毅に即席麺事業を勧め、一足先に明星食品の下請けとしてスタートしていた鄭桐田は、毅がピヨピヨラーメンを発売するのと同じころ、やはり下請けから脱し、自社ブランド商品を発売していた。「アサヒダルマ印」というブランドで、県内では先発業者だっただけに、当初はサンヨー食品の最も強力なライバルでもあった。県内だけで他にも数社が即席麺事業に参入し、１９６４（昭和39）年時点で十数社に及んだ。

毅の盟友である竹村弘も乾麺事業を始めていたが、毅の影響を受け、即席麺事業への進出を考え始めており、実際に同年には大黒食品工業を設立し、自社ブランド「大黒ラーメン」を発売した。

ある時、その３人が酒を酌み交わしたことがある。お互いの状況や業界の事情、今後のビジョンについて語り合った。アルコールがまわったせいもあったのだろうが、毅の一言で一瞬場が凍り付いた。

「俺は食品業界の松下幸之助になる」

そのときの様子を竹村が振り返る。

「すごいこと言うなと思ったね。サッポロ一番だったらともかく、まだ、ピヨピヨラーメンを発売してほんの数カ月しか経っていない時期です。それなりの自信もあっただろうが、人の前でそのくらいのことを言い切って自分に鞭を打っているんじゃないかなと思ったんですよ」

「これしかない」との思いから周囲の大反対を押し切って即席麺業界に身を投じて２年。ややもすれば倒産の覚悟で虎の子の３０００万円を投じたコマーシャル展開が当たった。社内も勢いづき、森田のように「天下を取る」と高らかに宣言する社員すらいた。そんな社内の雰囲気も毅にこう言わせるに足る手応えがあったのだろう。

東京ヤマキと契約

首都圏の開拓も基本は地方と同じ。商品を手に販売店を1店1店回り特約店を増やすことに努める。前橋と埼玉、東京間にピヨピヨラーメンのロゴが入ったサンヨー食品の営業車が、夜となく昼となく絶え間なく往来し始めた。やがて、往復の時間さえ惜しんで、文夫社長の計らいもあって信夫や女屋らの営業担当は都内のホテルに常駐するようになった。

とはいえ、1店1店しらみつぶしに回る手法は地方ではともかく東京では、砂漠に水をまくようなもので、時間がいくらあっても足りず徒労感を増幅させた。拡販の効果は目に見えて現れてこない。

そんなときには、「首都圏を制するものは、全国を制する」を合言葉に悪戦苦闘を続けた。

突破口は意外なところに転がっていた。埼玉県内のある問屋から東京ヤマキという問屋を紹介された。愛媛に本社を置く鰹節メーカー・ヤマキの首都圏における販売部門が東京ヤマキであり、自社商品以外にも食品を取り扱っていた。

東京ヤマキは、首都圏市場にきめ細かい流通経路を有していた。ヤマキ自体は1917（大正6）年創業の老舗であり、その鰹節は高い評価を得ていた。缶詰を主力商品とする大手メーカーの下請けではサブ的商品である即席麺の販促に力を入れてもらえないという歯がゆさがあったが、東京ヤマキは決して鰹節の販売だけを最優先するわけではない度量の広さと先見性を持っていた。

信夫らは、この東京ヤマキと早速商談を行い、取引契約を結ぶことができた。東京ヤマキの販促担当者である金子文三郎部長が、即席麺という商品の将来性を理解してくれ、ピヨピヨラーメンの販売に力を入れた。これによって東京、神奈川の開拓が一気に進み、首都圏進出の足がかりをつかむことができた。この金子部長のこともサンヨーの営業社員らは敬意と親しみを込めて、「ラーメン部長」と呼んだ。

東京ヤマキとの取引が当社にとって貴重だったのは、単に販売店が増えたことにとどまらない。東京ヤマキは、都内、都内近郊の市場という市場に鰹節を流通させていたのだ。最大の築地市場はもちろん、神田、千住といった卸売市場を含め、都内近郊を合わせると全部で６市場ほどが東京ヤマキの流通網だった。女屋らはこの市場に目を付けた。

「文夫社長が、私たち東京開拓担当の２人の社員のために池之端にオープンしたばかりの法華クラブというホテルの部屋を押さえてくれました。『前橋からでは大変だから、ここを定宿にしていいよ』というのです。私たちは、東京ヤマキに協力してもらい、市場の開く朝５時にはホテルから毎日どこかの市場に出向き、市場に入っているお店を１軒１軒回り、試食販売や特約セールスの同行販売を実行しました。持っていった商品は、ほとんど完売したと思います。次回以降は注文をいただけるような取引関係を結べるお店も数多くありました」

特需に応え体制強化

思い切った価格戦略と粘り強い地道な営業、テレビコマーシャル、そして品質の４つがポイントとなって、ピヨピヨラーメンの人気は右肩上がりとなり、旺盛な需要に応える製造体制が課題となった。

発売当時、富士製麺時代からの天川原の工場で１ラインをラーメン製造に当てていた。増産に次ぐ増産で、２交代勤務態勢を採用して旺盛な需要に対応したが、全く生産が追いつかなかった。さらにラインを増やして、あっという間に一貫生産３ライン、従業員約５００人という中堅の中でも規模の大きなメーカーへと飛躍した。高性能の熱源ボイラーと大型ラインに３個バスケットを並列させた量産体制は業界でも随一との評判だった。当時、工場長だった森田は工場の進化について振り返っている。

「最初は台の上で味付けしたラーメンを型枠に詰めて手で油に入れて揚げる。この工程を流れ作業にしました。スープも自動的にシャワーで味付けをして、そのまま油槽の中に入れる。最初のころは包装も1個ずつ詰めていたんですが、それも自動包装機でやるようにしました。パッケージへのシールも足で踏みながらやっていましたが、ジェットコースターじゃないですけど、滑り台で下に落としてやるように変更したのです」

圧延から製麺一貫のライン

スープ別添と多様化

サンヨー食品が初の自社ブランド、ピヨピヨラーメンを発売した1963（昭和38）年7月ころの各社の状況を見てみよう。

前年の4月に発売された「支那筍入り明星ラーメン」は業界初のスープ別添炊き麺タイプとして脚光を浴びた。明星食品は、即席麺業界に参入した60年の時点で、味付け処理した後に油揚げした麺にお湯をかけてもなかなか麺の塊が戻らないというトラブルに頭を悩ませていた。

その時の解決法が2、3分茹でるというものだった。そこにヒントを得て、「炊き麺」方式のスープ別添という方法にたどり着いたのだ。ピヨピヨラーメンは、下請け時代の「あけぼのラーメン」を改良したものだったから、味付け麺としてスタートしたが、「支那筍入り明星ラーメン」以降、スープ別添時代に突入した感があった。

翌63年になると、即席麺業界は多様化の様相を呈する。全国３００社とも言われる有象無象のメーカーのほとんどはしょう油ラーメンを商品としていた時代だ。サンヨー食品がピヨピヨラーメンを発売した同年7月には、早くも日清食品は「日清焼きそば」を発売して、ラーメン以外の分野を切り開いている。

続いて8月には、エース食品（現・エースコック）が「即席ワンタンメン」、東洋水産が和風「マルちゃん・たぬきそば」を出し、即席麺の幅が広がっていく。他にも「即席マルタイ冷麺」（マルタイ泰明堂）、「イトメンのチャンポンメン」（イトメン）などの商品が発売された。この流れは、翌年になっても続く。エース食品は「イタリアン・スパゲティ」、日清食品は「スパゲニー」といった即席麺を発売した。即席焼きそばの発売も増えていた。この流れの中で、ピヨピヨラーメンの販売地域拡大とともに毅は早くも次の一手を考えていた。

ピヨピヨラーメンがヒットすると、自社で乾麺を作る余裕がなくなってきた。乾麺については既に多くの顧客があり、需要はそこそこあったから、一気にやめてしまうわけにはいかない。まずは継続を考え、市内の他社に外注を始めた。だが、これはうまくいかなかった。麺が切れるなど、品質が著しく悪化してしまい、ついには乾麺事業の継続を断念し、撤退を決めた。

episode

不夜城の井田家

即席麺業界に進出してから、井田家は酒販事業、乾麺事業、即席麺事業の3つを展開していた。特にピヨピヨラーメンが増産体制となってからの日々は多忙を極めた。ただでさえ、酒販の泉屋は朝7時から夜中の12時までが営業だ。泉屋の従業員たちは朝2〜3時間ほど注文取りに走ると、その後、喜代子の作った弁当を持参して天川原にある工場へ応援にいってラーメン作りに励む。夕方近くになって泉屋に戻ると、今度は配達が待っている。そして、さらに夜中まで作業にいそしむ。毅は毅で、工場内で品質のチェックや営業活動、そして泉屋での仕事もあった。

喜代子は長女紀子に続いて、1962年には長男の純一郎を出産していた。市街地にある自宅の敷地内には泉屋があり、深夜に至るまで人の出入りが絶えず、また、街自体明け方まで喧噪が続く。さらにピヨピヨラーメンの増産につぐ増産というヒットの熱気もあり、幼い子どもを抱えながらの住居店舗一体型の暮らしは無理となって、当時とすれば郊外だったエリアへの引っ越しを決めた。

第5章

ナショナルブランドへの道

業界初の塩味

「ピヨピヨラーメン」のヒットによって、前橋市天川原にあった乾麺時代からの工場だけでは、あっという間に急増する需要に応えきれなくなった。毅は、タイミングを逸することなく新工場の候補地を探し、前橋市郊外の西片貝町に土地を確保し、「ピヨピヨラーメン」発売開始から約半年後の1964(昭和39)年2月に片貝工場を建設し操業を開始した。

9309平方メートルの土地に床面積2228平方メートルの工場内には大型生産ラインを設置した。旧工場は本社工場とし、森田が引き続き工場長として運営した。すでに乾麺事業はすべて外注に切り替え、すべて即席麺のラインとなっていた。両工場ともに、日曜日のみ1ラインを止めるにとどめ、2交代制の増産体制によるフル操業を続け、旺盛な需要に全力で応えた。

しかし、この時点でサンヨー食品の商品は1点のみ。先行する他社はしょう油ラーメン以外の商品も徐々に出し始めていた。特に明星食品がスープ別添の即席麺を発売して以降、多様化の兆

片貝工場

しが見え始めていた。

　こうした状況の中、まず手始めに片貝工場の操業を開始した翌月の64年３月には、「ピヨピヨラーメン」の姉妹品的な位置づけの新商品、「ピヨピヨ焼そば」を市場に送り出した。

　営業面についても東京ヤマキとの連携によって首都圏市場に足がかりを築いた文夫社長と常務の信夫が中心となって、足を休めることなく静岡県など東海道線を西に向かって開拓を進めていった。

　同時に、毅は新たな即席麺の開発を考えていた。「ピヨピヨラーメン」が大ヒットし、業界内で何とか地歩を築くことができ、同時に事業基盤もできた。しかし、後発業者として参入するため20円という低価格戦略をとっていた。即席麺の発売当初は1袋35円が主流。やがて、過当競争から5円下がって定価30円が主流となっていたから、10円の価格差ゆえに売れたということもまた事実だった。これが他社と同じ30円でも売れただろうか。また、エリアは関東・甲信越に限られていたから、ローカル・ブランドの域を出なかった。

　毅の心には、気持ちの晴れない部分があり、他の大手・中堅各社と同列ではないという思いがあった。同じ価格帯で勝負し、そこで互角以上に闘って初めて一流と評価されるという考えを強く抱くようになっていた。

　また、「ピヨピヨ」というネーミングにしても、「チキン＝親鳥」に対する「ピヨピヨ＝ヒヨコ」という遠慮する部分もあり、ここにとどまっていては二流の域を脱し得ないという思いもあった。

「あくまでもこれは打ち上げの効果しか狙えませんでしたね。というのはある程度の販売量は確保できるのですが、それ以上は伸張しないのです。つまり安いから買うが、消費者の観念には二流品というイメージしかないのですね。しかしいつまでも安物ではだめです。20円ラーメンだけを販売していては、一流銘柄、トップブランドにはなれない。これは当然のことです。20円ラーメンでは一応の成功を収めることができたが、所詮はローカルブランドであり、二流品でしかありえなかった。やはり一流品を売らなければ大量販売には結びつかないことがわかりました」（『総合食品』１９７９年4月）

毅が考えたのは、しょう油味以外の即席麺だった。当時、即席麺といえばほぼ１００％しょう油ベースだった。幸い、この時点で同業他社も即席麺＝しょう油ラーメンという枠内からはみ出そうというところは見受けられなかった。だから、しょう油ベースではない即席麺がブランド力を一気に上げるチャンスだと考えた。しかも、競合品と同じしょう油味を開発して価格だけを一流品と同じにしても後発業者が勝つのは困難だ。

毅は、新製品の突破口を開くべく、いろいろな中華料理店やラーメン屋を食べ歩いた。当時、一般の中華料理店やラーメン屋で供されるラーメンは必ずしもしょう油ラーメン一辺倒というわけではなかった。「チキンラーメン」のヒットをきっかけに、「中華そば」という呼称が「ラーメン」へ変わっていき、それとともに徐々に「ラーメン」のバリエーションも増えていった。例えば、１９６1年にはラーメンの本場として有名な札幌に初めてみそラーメンが登場し、後のブームへの端緒を開いた。

このころ、お店で食べられるラーメンの価格は50円程度だった。ところが、野菜やエビ、キノコなどを乗せたタンメンになると、価格は80円程度に跳ね上がっても中流以上の層には需要がある。

「これだ。次はタンメンだ」

毅は、タンメンの即席麺を出そうと考えた。タンメンは塩味だから塩ラーメンである。他の数百の即席麺はみなしょう油味だから、差別化という点ではこれ以上はない。もちろん、スープは別添とする。しかも、ピヨピヨラーメンの20円から価格を上げる理由も納得できるものだ。

再び、妻の喜代子が台所にこもる日々が始まった。開発に至る工程は、ピヨピヨラーメンと同じで、まず、喜代子が自宅の台所で試行錯誤しながら試作品となるスープを作る。これを工場に持ち込み、さらにブラッシュアップして麺とセットした試作品を作る。それを再び自宅に持ち込み、喜代子と毅の2人で試食し、改良点と調合の指示などを喜代子がまとめ、工場に戻す。これを繰り返して、クオリティーをアップして製品化する。こうした試行錯誤の結果、既存の即席麺とは一線を画すような澄んだ色で、口にすると野菜味がただよう淡泊な塩味のスープが出来上がった。

麺については、ピヨピヨラーメンの時とは小麦粉の種類やブレンドも変え、スープに合わせたものにする。今はどのメーカーでも種類によって当然小麦粉も変えていくのだろうが、当時から毅はこういった部分にも徹底的にこだわり、常に百パーセント完全な製品を開発しようと目論んだ。

新ブランド「長崎タンメン」

業界初のタンメンにいかなる名前を付けて市場に送り出すべきか。ものづくりに類いまれなる感性を発揮する毅だったが、ネーミングやパッケージに至るまですべてに自分が責任を持って、完璧を期した。ネーミングの重要性は、これまでの経験から十分に理解していた。「ピヨピヨラーメン」のヒットで、ネーミングの重要性は痛い程分かっている。

当時から食品業界では、すでに地名を付けた商品は数多く出回っていたので、まず、毅は「タンメン」にいろいろな地名を組み合わせてみた。上海、北京、広東、長崎をはじめ幾十もの組み

「長崎タンメン」コマーシャル撮影の合間に商品について語る毅とミヤコ蝶々

合わせの中から、毅が選び出したのは、「長崎タンメン」。長崎といえば、中国との貿易やオランダ屋敷など異国情緒の漂うイメージで「タンメン」にぴったり。しかも、有名な「長崎チャンポン」も思い浮かぶが、そうしたイメージも「長崎タンメン」への期待感につながる。

発売は１９６４（昭和39）年８月。10月に開幕する東京オリンピックを目前に控え、日本全体が高揚感に包まれていた。初めて即席麺が発売された１９５８年には白黒テレビ・洗濯機・冷蔵庫が「三種の神器」として持てはやされていたが、このときからわずか６年余りの64年には、カラーテレビ・クーラー・自動車が「新三種の神器」と呼ばれようとしていた。日本経済は急加速して前に進んでいた。即席麺市場を見ても63年の８億５千万食からこの64年は15億６千万食へと急上昇していた。

値段は他社の一般的な価格に合わせ、30円とした。一流ブランドとなるための価格帯で勝負する。そのためには味だけでなくすべてにわたって常識を打破しなければならない。即席麺のパッケージは１色印刷からスタートした。「ピヨピヨラーメン」もそうだった。コストを費やしても、せいぜい２～３色という状況だった。ここに、毅は業界初の多色カラー印刷を導入した。

タンメンはたくさんの野菜類を乗せたあっさり塩味が特徴だから、パッケージの写真はタケノコや白菜、ニンジン、エンドウなどを添えたタンメンを撮影した。このころから、即席麺にたくさんの具材を乗せて楽しみながら食べるという提案を行っていた証し、でもあろう。さらに、毅は「新らしい味」というキャッチコピーをパッケージに入れた。当然、小売店に陳列したときのインパクトは大きい。否が応でも目に飛び込んでくる。

業界初の塩味という企画と業界初のカラーパッケージのコラボレーションで少なくとも「ピヨピヨラーメン」以上のヒットは約束されたようなものだった。

当然、「ピヨピヨラーメン」と同様にテレビコマーシャルもなくてはならない販促手段だ。発売と同時に落語家の桂米丸を起用し、「タンメン、タンメン」という軽快なリズムに乗せ、「ラーメンじゃないんです。タンメンです」というキャッチフレーズを喋ってもらった。

「長崎タンメン」のテレビＣＭには、この後のミヤコ蝶々や中村玉緒をはじめ旬のいろいろなタレントを使って浸透を図った。

人気タレントを使い、思わず食べてみたいと思わせる絶妙のコマーシャルは、幅広い支持層の獲得に大いに役立った。「ピヨピヨラーメン」での成功以来、毅はテレビコマーシャルによる宣伝の重要性を高く評価し、「長崎タンメン」ではさらに積極果敢な宣伝展開を行った。

高度経済成長下における大衆消費社会の到来と

「長崎タンメン」

テレビコマーシャルの関係性はよく指摘されるところだが、とりわけ即席麺との親和性は強く、その中でも特に成功を収めたのが「長崎タンメン」だったと言ってもあながち誇張とは言えないだろう。サンヨー食品は長崎タンメンの発売を機に、高度経済成長の旗手のように躍進を始めたのだった。

マスメディアを用いた広告展開の一方、「ピヨピヨラーメン」発売時と同様、毅は営業車やトラックも重要な宣伝媒体と考え、車のサイド、天井に「長崎タンメン」のロゴを入れ、「動く看板」とした。「できることはなんでもやれ」が当時の毅の口癖で、他社が考えつかないようなことを常に模索し、思い浮かんだアイデアは率先して実行に移していった。

「長崎タンメン」は発売と同時に飛ぶように売れた。しょう油一色の即席麺市場において、塩味は新鮮であり好評価を得た。20円の「ピヨピヨラーメン」から10円の価格アップなど全く関係なかった。1964年8月に発売し、秋から冬に向かうとますます売れ行きは増していった。当時を知る社員たちは異口同音に「大型トラック十数台が列をなして工場の前で待っているんです。箱詰めをした商品を片っ端から積み込んでトラックが次々と出ていくという状況でした」と振り返る。

テレビコマーシャルで「長崎タンメン」を知って食べたいと思っても生産が間に合わず、陳列棚からあっという間に消えてしまうため、食品業界には「長崎タンメン＝幻のラーメン」という評判が流れた。

野菜がのったパッケージからも分かるよう、「長崎タンメン」は野菜などの具をふんだんに使って調理することを想定した商品だ。丼に麺とお湯を入れて3分という手軽さが売りだった味付け即席麺に比べると手間はかかるが、美味しさも栄養面でも一回り上回る。「長崎タンメン」の爆発的なヒットは、作り方は一手間多いが美味しさは飛び抜けている即席麺が多くの人たちに受け入れられたことを示している。後に詳述するが、「長崎タンメン」のヒットに合わせ、追随するメーカーも多く現れ、翌年にかけて「タンメンブーム」と言われた。これが、毅が世の中につくり出した最初のブームである。

同年末の時点で、サンヨー食品の生産量はすでに業界第４位に躍り出ていた。生産量だけなら、中堅メーカーから一気に大手メーカーへの仲間入りを果たした。特に首都圏市場では、トップの地位をうかがうほどの躍進である。

丸紅飯田と提携

毅は、「長崎タンメン」を「ピヨピヨラーメン」レベルの成功でとどめるつもりはなかった。当然、ローカルブランドから全国ブランドへの脱皮が当面の目標だった。まずは、首都圏における浸透を確実なものとすべく、発売翌月の１９６４（昭和39）年９月には東京都台東区御徒町に東京営業所を開設した。

ホテルに陣取って拡販に励んでいた信夫や女屋らに加え、さらに人員を増やして拠点を設けたことにより、首都圏での営業活動のフットワークは、さらに良くなっていった。秋から冬に向かうにつれ、「長崎タンメン」の売れ行きは増大し、いよいよ他エリアへの進出を実現に移すときが到来した。

毅が、まず関東・甲信越の次に選んだのは大阪だった。大阪は、即席麺発祥の本場である。日清食品やエースコックなど有力大手メーカーがすでに確固たる地歩を築いていた。この大阪市場に食い込み、西日本進出へのさらなる足がかりを築く。これなくして全国ブランドとなることはできず、サンヨー食品が一皮剥け、大手メーカーへ成長するために経なくてはならない重要なステップだった。そんな重責を担って初代の営業所長に任命されたのが女屋敏夫だった。

大阪行きを命令した毅は、女屋に「これで大阪まで運転して行きなさい」と言って、昭和30年代から40年代にかけて人気があったスバル360を与えた。

「最初は、何を言われているのか分かりませんでした。その車にはラジオさえついていない、今から思えば簡素なもの。大阪までの長い道のりを考え途方に暮れていると、『女屋さん、いいことを教えてあげよう。ラジオの代わりに、流行歌の歌詞をダッシュボードに貼り付けておいて、あなたが歌えばいい』と言うんです。とにかく、ユニークなアイデアの宝庫のような人でしたね」と女屋は回想する。未知の土地へ重責を担って赴任する女屋をリラックスさせようという毅ならではの気配りが感じられるエピソードである。

スバル360を駆って丸1日かけて大阪にたどり着いた女屋が、1965年1月、大阪市西区北堀江町に大阪営業所を開設してまず取り組んだのは、「長崎タンメン」の発表会だった。同年1月12日、大阪国際ホテル。発表会には文夫社長もやってきて、出席者らを前に「長崎タンメン」をPRした。

「関東では非常に喜ばれた商品で、現状では当社は業界第4位の生産量ですが、かねてより関西への進出を夢見ていました。関東で大ヒットを飛ばした商品が、関西で受けないはずがありません。関西でも、ぜひ、タンメンブームを起こしたいと存じます」

首都圏では、東京ヤマキという問屋との連携を営業活動の切り口として拡販に努めた。全くの未開拓地である関西地区でサンヨー食品が取った方法は、総合商社との提携だった。女屋は丸紅飯田（現・丸紅）と交渉し、取引を決めた。

サンヨー食品が開拓した問屋などの取引先は、すべて丸紅飯田を通しての納品という形をとる。これによって、販売した商品に関する入金の心配はない。仮に取引先が倒産したとしても、丸紅飯田からサンヨー食品への入金は滞ることがない。サンヨー食品とすれば、集金の心配をすることなく、営業活動に全力を投入できる。もちろん、関西進出にあたっては、関西用のテレビコマーシャルを制作して流したので、知名度も徐々に上がっていった。

同時に、女屋は関西においても首都圏と同様に市場に入り込み、「朝売り」に力を入れた。サンヨー食品の営業マンの行動指針は、「他と同じことはやらない」という毅の進取の気性から取り入れられたものだが、他社の営業マンが1日に5社回るのなら10社回れというもの。

1人の営業が徹底的にフットワークよく顧客を回れば、少数精鋭でコスト的にも有利になる。早朝から午前中いっぱいは「朝売り」で市場にて試食販売などを行い、午後は市場から出て夜まで得意先を回るのだ。午後に回る先は、例えば、なかなか取引のOKを出してくれない未取引先。トップに会って、直接粘り強い交渉を行う。

関東の即席麺が関西で受け入れられるかという懸念はもちろんあったが、テレビCMだけでなく、こうした粘り強い営業の効果もあって心配は杞憂に終わり、たちまちのうちに人気を博していった。

関西地区で基盤を固めると、さらに丸紅飯田との連携を生かして、中国地方、九州地方へと拡販を続けていった。

大阪営業所開設当時、関西3大メーカーは日清食品、エースコック、明星食品だった。しかし、ここ大阪市場でも「長崎タンメン」は快進撃を続け、早くも4月にはトップクラスに肉迫した。

東京でシェアナンバーワン

「ピヨピヨラーメン」が年商約30億円とすると、「長崎タンメン」は1964（昭和39）年8月の発売から半年で40億円を売り上げ、その後、関西地区への進出もあって、勢いはますます盛んとなった。瞬く間に日清食品、明星食品、エースコックと並ぶ4大メーカーへの仲間入りを果たした。

実は、「長崎タンメン」には「ラーメンではありません」というキャッチフレーズが付けられていた。それまで一時は約350社とも言われたメーカーがしょう油味という非常に狭い範囲内での即席麺開発競争に力を入れていた中にあって、塩味の淡泊なスープは極めて新鮮だった。野菜などの具を入れてヘルシーに食べるというスタイルも都会人の嗜好に合い、特に首都圏での人気はサンヨー食品を一気にトップメーカーに押し上げていく。

それまで即席麺業界は「ラーメン業界」という呼称で呼ばれることが一般的だったが、「長崎タンメン」以降は、「即席麺業界」に変わっていった。それほどまでに「長崎タンメン」の登場はインパクトが強かった。いずれにしても「ピヨピヨラーメン」で毅が試みた、商品開発・テレビコマーシャル・地道な営業展開という3つの軸をさらに大胆に推し進めた結果が「長崎タンメン」のヒットの裏に隠されていた。

65年3月には関東・山梨・静岡地区におけるメーカー別シェアでサンヨー食品が3割を超え、トップに躍り出た。ついで、同年8月には東京でもブランドシェア1位を獲得した。一気に東京市場を制覇したことで、毅は商品開発に対して、ますます大きな自信を持つことができた。

生産体制の拡充

当時の専門誌などでは、誕生から１９６５（昭和40）年ころまでの即席麺業界の歴史を３期に分け、１期「チキンラーメン時代」、２期「スープ別添時代」、そして64年から65年にかけて３期「長崎タンメン時代」という分析すら見られた。この２年間はまさにサンヨー食品の時代だった。即席麺業界を席巻したのだ。

自社ブランド「ピヨピヨラーメン」を発売したのが63年夏だから、わずか１年後に２度目のブレークを迎えた。この勃興に応えることができたのは開発力と営業力と宣伝力のせいばかりではない。需要があっても製造できなければ、もちろん売り上げを伸ばすことはできなかった。

「長崎タンメン」発売半年前の１９６４年２月に前橋市西片貝町に工場を新たに開設していたが、「長崎タンメン」の大ヒットで配送のトラックが工場前で行列をつくるという現象が起きる状況となり、すぐさま新たな工場が必要となった。

そこで翌年４月には埼玉県本庄市に本庄工場（床面積２，０２５平方メートル）を建設した。続いて同年９月には、片貝工場の敷地内に第２片貝工場（床面積２，７０６平方メートル）を建設。相次いで

全国に商品を届けた大型専用トラック

新工場を増設したことで、サンヨー食品の総生産能力は日産120万食となった。とりわけ第2片貝工場の建設は、「長崎タンメン」の関西進出需要に応え、さらに北海道や東北への拡販計画を支えるために行われた。

ところで、サンヨー食品の工場を設計していたのは、毅本人だった。これは富士製麺時代から変わらない。子どものころ、絵描きになりたかったという毅は、建築物のデッサンを描くのは全く苦にならない。小学校のころ、図工の授業で家のデザインをする課題があり、賞を取ったこともあった。

設備においても斬新なアイデアを次々と注入していった。第2片貝工場では、高速自動油揚げ装置、自動包装機、自動梱包機など、全工程に原材料、半製品、製品の流れの自動化、迅速化が徹底され、日産80万食を誇る最先端の工場となった。製麺機、コンベヤー、蒸し機、油揚げ装置はオールステンレス製のラインで、とりわけ注目を集めた。これらの導入に関してサンヨー食品は先駆的存在だった。

一方、急増する需要に対応すべく製造工程の整備を急ピッチで進めていたこの時期、自社工場では足りず外注先に製造をお願いすることも日常化した。工場長を務めていた森田が下請けへの

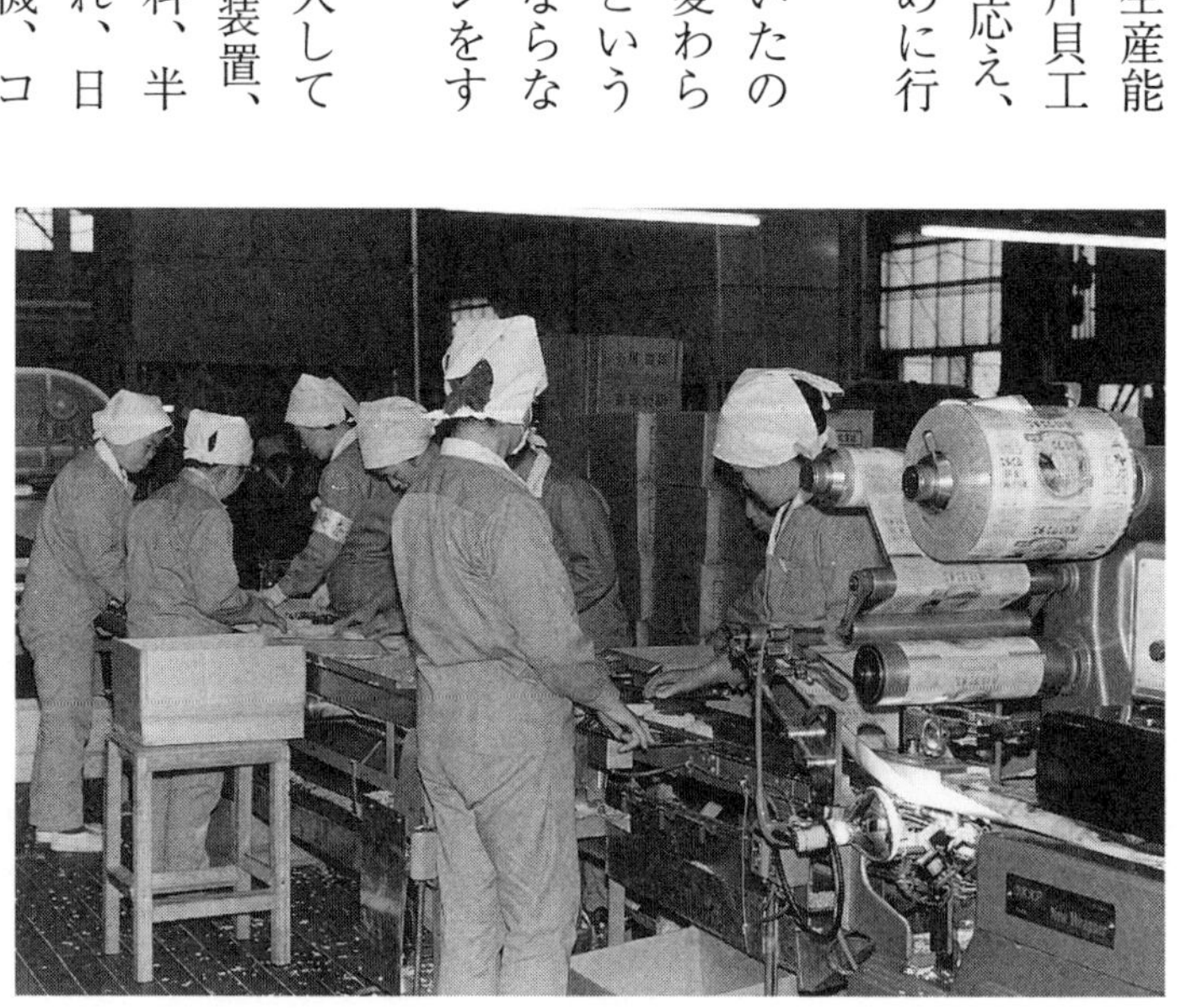

片貝工場に新設された「長崎タンメン」包装ライン

発注を担当した。

「自社工場での生産が間に合わないから、下請けにどんどん仕事を出していました。下請け先というのは、ほとんどがほかの大手メーカーの下請けをやっていたところです。後発の当社に取引先を変えていく様子は、どんどん地図を塗り替えていくようなイメージで、まるで『ラーメン三国志』そのものでした」

長崎タンメンへの便乗

多数の企業が次々と参入を開始し、即席麺業界がスタートした当初は混沌とした戦国時代の様相を呈し、一時は350社以上が乱立した。こうした状況下、大ヒット商品が出るとブームに便乗する企業が続出する傾向にあった。「長崎タンメン」発売の数年前には、「チキンラーメン」の商標をめぐって訴訟事件も起こっていた。

「長崎タンメン」は世の中にタンメンブームを巻き起こすほどの大ヒット商品となったから、サンヨー食品に追随する企業が目白押しとなった。塩味に着目して塩ラーメンやタンメンを発売するのはまだいい方で、どこの会社でも行っていることだ。

ところが、名称自体が「長崎タンメン」「ゴールド長崎タンメン」というもので、しかも「新らしい味」というコピーまでがそのまんま、パッケージもほぼ同じという商品が全国で多く発売された。

パッケージまでほぼ同様な類似商品がスーパーなどの店頭に大量に氾濫している状況を見るにつけ、毅としても法的な手段に訴えざるを得なかった。サンヨー食品は類似商標品を販売しているメーカーを相手どって、「類似品の製造販売の禁止」を前橋地方裁判所民事部に訴えた。これが「長崎タンメン事件」である。類似品を発売しているメーカーの言い分は、「長崎も地名、タンメンは商品の普通名称なのだから、長崎タンメンもまた商品の普通名称にすぎない」というものだった。

これに対して、前橋地方裁判所が1966（昭和41）年3月に下した判決は、サンヨー食品の主張を全面的に認めるものだった。前橋地裁は、類似品であった「ゴールド長崎タンメン」の販売を禁止したのだ。

地裁の判断のポイントは①「長崎タンメン」はテレビなどにより短期間のうちに全国に商標として知られるようになっていた②「ゴールド長崎タンメン」の包装は、図案、色彩などが「長崎タンメン」に酷似していて「ゴールド」の文字も見落としやすい③「タンメン」が普通名称でも「長崎タンメン」は固有名称である—というもの。これは特定の一社に対するものだったが、この判決によって、サンヨー食品は販売店を駆け回り、類似商品の撤廃へと動く正当な根拠を得ることができた。

関西でも類似品は横行した。そうした類似品はサンヨー食品の「長崎タンメン」より安い価格が設定されているから、多少の怪しさを感じながらも飛びついてしまう問屋もあった。

ある時、大阪市内の市場の会長から女屋のもとに「類似品が横行しているのを知っているのか」と連絡があった。早速、面談すると「安いから買ってしまう者もいる。何らかの手段を講じるべきだ」という。そこで、大阪でも訴訟に踏み切ると、サンヨー食品側の主張を認める裁定が出た。その裁定を持って、類似品を置かないようにと1店1店回っていった。その地道な営業のため大阪まで来て女屋に同行したのが文夫社長だった。女屋は回想する。

「わざわざ遠くの前橋から大阪の小さな店にまで業界大手の社長さんが足を運んでくれる、というのでとても感謝され、味方してくれる問屋さんが増えました。当時の毅専務が鮮やかな切れ味で戦略を立てる一方、父親の文夫社長のこうした顧客第一の誠実な人柄がサンヨー食品への信頼を厚くしていったのです」

即席麺業界の危機

１９６４（昭和39）年から翌年にかけてサンヨー食品は「長崎タンメン」を武器に快進撃を続けたが、「40年不況」と言われ大手企業の倒産が相次いだこの年、実は、即席麺業界も危機的様相を呈していた。

即席麺業界は、売上高ベースでそれまで前年比１８０％以上の高率で伸びてきたが、64年は前年比１１０％に伸びが止まり、その傾向は特に下半期に顕著であった。次年度以降もさらなる伸びの鈍化が予想されていた。

58年の初登場以来、特許紛争はあったものの順風満帆の発展を遂げてきたが過当競争に加え、65年３月に景品付き特売を制限する「公正競争規約」が告示され、１年後からの実施が決まったことも業界の発展に大きな足かせとなった。

過当競争が目に見えて激しさを増したのは、まさに「長崎タンメン」が発売された64年の後半。無軌道な設備投資や常軌を逸した景品付き特売、さらには安売り乱売合戦である。この時期、「タンメンブーム」と言われたように「長崎タンメン」は絶好調だったが、実は本来のしょう油ラーメンは伸び悩み、大手、中小を問わず前年割れした企業が目立った。

小売り正価が30円ほどの商品が特売日には安売り合戦で10円台となってしまう。こうなるとそれまでは定期的に購入していた消費者も特売日しか買わなくなってしまう。こうして需要の減退が起こっていくわけだ。

当時すでに即席麺は、「第3の主食」と言われるほど、食卓に浸透していた。だから、66年4月1日から実施される公正競争規約の景品付き特売規制についても当初はそれほどの影響はないと思われていた。

特に販売体制の確立している大手メーカーにとってみれば、必要以上に販売経費を費やす必要もなくなるわけなので、むしろ有利に働くと考えられていたのだ。中小メーカーにとっても、大資本の大手メーカーによる大規模な特売にはとても勝てないから一安心という風潮もあった。

同じ食料品であってもみそやしょう油などの必需品はともかく、第3の主食とはいえ即席麺は、なくてはならない食料品というわけではない。

「おまけをつけなければ売れない商品なら将来性もない」というもっともな意見もあったが、前年まではハイペースの伸び盛りの成長段階にあった即席麺業界への特売規制は時期尚早なのではないかという批判もまた根強いものがあった。

しかし、後発メーカーとして自社ブランドを確立する上で他社に遅れを取ったサンヨー食品としては、ラーメン停滞、タンメン一人勝ちの市場状況は幸運だった。盤石と思われた先行する大手3社のシェアを崩し、ナショナルブランド化を実現し、大手4社の一角に食い込むことに成功したのだ。長崎タンメンを発売したタイミングもまた絶妙だったと言うべきだろう。

episode

「カミソリ専務」の異名

サンヨー食品において、即席麺への挑戦から始まって、開発や宣伝、製造、そして経営面を仕切ってきたのは、もちろん毅だった。だが、毅は社長ではなくずっと専務という肩書のままで通していた。創業以来、ずっと社長を務めてきたのは父の文夫だ。新製品発表会や業界団体の会合などには文夫が会社の顔として出席した。

反対する周囲を押し切り、毅は独断専行で即席麺業界への参入を決め、苦悩しながらもヒット商品を生み出し、サンヨー食品を短期間でトップメーカーの一角に成長させた。当初から鋭い閃きと分析力、判断力を持ち合わせていた毅だったが、下請けに甘んじて方向性を模索していた2年間とその後の快進撃の過程で、毅は生来持っていた能力にさらに磨きをかけていった。

毅に接した人は誰もがみな、その多面的な物の見方と回転の速さに舌を巻いた。資料なども一目見ただけで内容を即座に把握して、的確な指示を出した。そんな毅にはいつしか「カミソリ専務」というあだ名が付けられた。毅が「カミソリ専務」を返上して、社長の座に付くのは、「長崎タンメン」の大ヒットから、さらに10年の時を経てからのこと。

田舎の酒屋（油絵F12号）井田毅作
（井田酒造本家　井田文夫生家）

泉屋酒店　私の生家（油絵F10号）井田毅作

第6章

「サッポロ一番」の大ヒット

塩味需要の限界

「長崎タンメン」は、世の中にタンメンブームを巻き起こし、一世を風靡した。1964（昭和39）年から翌年にかけて、苦戦する他社を尻目に即席麺業界を席巻したのは、サンヨー食品だった。

前述したように、景品付き特売規制や乱売、過当競争、法外な設備投資などの影響から経営が悪化する企業が続出した。こうした中、一時は約350社を数えた即席麺業者も100社近くが倒産したり、倒産寸前に追い込まれたりしていった。永安食品や日本製麺、日産食品といった中堅メーカーの倒産は、即席麺業界の大きなニュースとなった。

一直線に伸びてきた即席麺業界であったが、早過ぎた景品付き特売規制を機に商品のクオリティーがより問われるようになったという面もあるだろう。おまけがなくても売れる商品しか残らないというわけだ。スタートから6、7年が経ち、膨張した業界に淘汰の波が訪れたのだった。

発売から約半年後の65年春には関東でシェアトップに立った「長崎タンメン」だが、毅は早くも次を見据えていた。「タンメンブーム」という言葉からも分かるように、塩味のタンメンは確かに大ヒットしたが、これはしょう油味一色だった即席麺の商品ラインアップにおいて新風を吹き込んだからであり、あくまでも「ブーム」なのだ。

やはりラーメンの主流はしょう油味。何よりも食べる頻度が違う。いずれ飽きられて、消費者は定番のしょう油味に戻っていくと考えた。毅の予想通り、ついにこの年の8月、東京でもシェアトップになると、次第に売れ行きが鈍っていった。

「やがてラーメン市場における塩味の販売数量の壁が大きく立ちはだかっているのに気付きました。人気はあるのだが一定数量以上の伸びがない、やはり主流は醤油味であることを察知したわけです。長崎タンメンに匹敵できる醤油味のエース級の商品を開発しなければ、大きなシェアーは獲得できないことを実感として受止めました」（『総合食品』１９７９年４月号）

札幌ラーメンに着目

こうして毅は、「長崎タンメン」が成熟しきらないうちに、新たなしょう油味の即席麺を開発し発売しようと考え始めた。このジャンルには、「チキンラーメン」（日清食品）、「スープ付き明星ラーメン」（明星食品）、「マルちゃん」（東洋水産）はじめ強力なブランドが数多く先行していた。他社の商品が一極集中するしょう油味で競合商品と差別化できるものを開発しなければならない。

毅が着目したのは、札幌ラーメンだった。１９６５（昭和40）年当時、週刊誌や旅行記などで札幌ラーメンの存在に脚光が当たり始め、若い層にも人気が高かった。「長崎タンメン」は北海道への拡販も行っていたから、毅が商用で札幌に行く機会もあった。毅はその度にラーメンの食べ歩きをしていたから、その美味しさはよく心得ていた。札幌ラーメンは、札幌を訪れれば必ず食べたくなる名物といってよかった。

「若い人達向きに何か喜ばれる製品が無いかと研究しましたところ、札幌へ行く度に食べる札幌ラーメンが美味しいし、なかなか現地の若い人達にも人気があり良いのではないかと…。そこで、それが製品化できるか否か研究を始めた訳です」（社内報『サンヨー』１９６６年６月号）

毅は、「この味を即席麺化できたら、ヒットは間違いないだろう」と確信し、すぐに開発に取りかかった。

毅自らが先頭に立ち研究と試作を繰り返した。スープは鶏ガラをベースとし、ここにガーリックなどの香味野菜を加えた。

最先端のパッケージ

ラーメン自体へのこだわりは当然のことだが、毅は商品のすべてに完璧を期すべく、パッケージのバージョンアップも考えた。

即席麺への異物混入が大きな社会問題となった昨今だが、業界の黎明期においても異物の混入は頻出するトラブルだった。パッケージの品質も高くはなく、小売店においても商品を並べる場所は日の当たる店頭だったり、逆に湿気の多い場所だったりという悪条件から、麺が傷んだり、あるいは虫がパッケージを食い破って内部に侵入したりしてしまうのだ。だから、黎明期の営業は、小売店に商品を陳列する場所についての説明も必須だった。

新商品の発売に向け開発を進めていたこ

発売当初の「サッポロ一番しょうゆ味」のパッケージ

ろ、即席麺の生産は機械化が進み、スピード包装の時代に突入していた。１分間に３００食もの商品を袋詰めしていくのである。当然、それに耐えられるフィルムが求められる。

サンヨー食品は、当初セロハンを使っていた。セロハンは非常に手触りも良く、印刷の乗りも良い。見た目も優雅で気品に満ちていて、商品を包む包材としては最高と言われていた。サンヨー食品は専売公社と1、2位を争う使用量を誇っていた。

しかし、防湿性に欠けるという弱点があった。小売店に陳列される条件や購入後に保管される条件もさまざまだから、フィルムは防湿性の高いものにしなければならないというのが毅の結論だった。入社直後、このフィルム探しを担当した松本政明（元・サンヨー食品専務取締役）は言う。

「天ぷらは揚げたてが最も美味しいように、ラーメンも工場で揚げたばかりのものが最高に美味しいのです。このままの美味しさを食卓にお届けしたいとの思いを込めて、究極のフィルムを選び抜きました」

こうして、防湿度、透写度、透過度に優れた完璧なポリエステルのフィルムを探し出し、毅も納得した。フィルムにはピンホールが空くと商品劣化につながってしまうが、このフィルムは水中に入れてもびくともしなかった。

また、「長崎タンメン」の発売を機に、他社も追随するようにカラー印刷へ移行し、5色印刷が主流だった。さらに一歩先を行き、より美しいパッケージを実現するために7色印刷を試みた。一度5色機に通した後、もう一度機械に通し2色分の印刷を行うという念の入れようだった。

「サッポロ一番」の誕生

製品については、中身はもちろんパッケージに至るまで万全の自信を持って市場に送り出せるものが出来上がった。毅にとって、絶対に妥協できないポイントの一つがネーミングだった。毅は、最初の自社ブランド「ピヨピヨラーメン」の発売時からネーミングには人一倍こだわってきた。部下や外部のコピーライターではなく、自分で考え自分で決めた。満を持して送り出すしょう油ラーメンも、もちろん毅自身が考えた。

「長崎タンメン」では、塩味のタンメンという新分野の開拓に加え、「長崎」を冠したネーミングもヒットの要因だった。味自体が札幌ラーメンを参考にしたこともあって、「札幌」をネーミングに組み込むことはすぐに決まった。これには誰も異論がない。

しかし、だからといって「札幌ラーメン」では類似品が出てくる恐れがある。「長崎タンメン」においても「長崎タンメン」や「ゴールド長崎タンメン」といった類似品が横行し、訴訟にまで発展した。そこでも、類似品業者は「地名とタンメンという普通名称を組み合わせたものに商標権などない」と主張した。そういった経験から他社に真似することができない商品名を考案する必要があった。

毅の頭に浮かんだのは、札幌駅前にあるレンガ造りのデパート「五番館」という異国情緒漂うネーミングを参考にできないかというものだった。「札幌」と組み合わせると「札幌五番館」。とはいえ、これでは何の商品なのか訴求力が弱い。しかし、語呂は良い。そこで、同様に一番、二番、三番、四番などを組み合わせてみた。

毅が新商品で目指したのは、「しょう油ラーメンでも一番」だったから、「札幌一番館」にたどり着いた。ここからさらにブラッシュアップしたのが「サッポロ一番」だった。

「サッポロ一番」。語感も良いし、文字にしてもインパクトがある。未来のサンヨー食品を背負っていくネーミングの誕生した瞬間だった。

「スーパー作戦」で浸透

1966（昭和41）年1月。いよいよ「サッポロ一番しょうゆ味」を発売する。この年の年頭の挨拶で、毅は並々ならぬ決意を表明した。

「現在即席麺業界は、明星食品、エースコック、サンヨー食品、日清食品、松永食品の5大メーカーがそれぞれの指名商品をもって安定期に入ろうとしています。この

量販店に大々的に売り出される「サッポロ一番」

ような中で、ヒット商品を生み出すためには、従来にない特異性を有するものを創造しなくてはなりません。二番煎じの泥仕合は絶対に駄目です」（社内報『サンヨー』１９６６年1月号）

発売を開始したのは、1月10日だった。一斉出荷で5万ケースを上回る量を出荷しながら、その後の発注が予想よりもはるかに少なかった。

味も品質も万全であり、これまで同様テレビＣＭにも力を入れた。売り出し中のザ・ドリフターズを起用して、軽快なリズムに乗って「サッポロ一番」「これが本場だ」「本場の味だ」と流れる。浸透率も高いはずなのに、なぜ予想を下回ったのか。実はこの時点で「サッポロ一番」を店頭に並べているスーパーは東京地区の２割余りにすぎないことが判明した。東京では急速にスーパーが躍進しつつあり、街角の食料品店から販売の主流が移りつつあったのだ。都内だけでも大型チェーンが30社ほどあった。

これらスーパーをカバーすることなくしてトップブランドとなることはかなわない。

そこで1月下旬から東京営業所は「スーパー作戦」と称する集中的な営業を開始した。すると、1週間後には8割のスーパーの店頭に「サッポロ一番」が並び、各店に大量陳列を行うことができた。

その効果はてきめんで、2月に入るや注文が殺到した。4月から景品付き特売が規制されるため、大手を中心とする各社は3月末にかけて徹底的な特売を行い、「サッポロ一番」に対抗した。このため、4月になってからの反動が大きく、市場は極端に冷え込んでしまうが、毅の目論見通り完璧なものづくりに徹した「サッポロ一番」は、おまけがなくとも好調な売り上げを維持することができた。

全国展開の強化

相次ぐヒットブランドの開発と急成長。「長崎タンメン」や「サッポロ一番」への旺盛な需要を取り逃さずに消費者にアプローチするために、日本各地において着実な地歩固めを行う必要があった。

１９６４（昭和39）年９月に東京都台東区御徒町に東京営業所を開設していたが、業務の急速な拡大により、あっという間に手狭となった。

そこで、66年４月、千代田区に新築されたビルに移転し、東京支店に昇格させ業務を開始した。支店とはいえ、事実上ここがサンヨー食品の営業拠点。販売１～５課があり、それぞれの管轄は１課が京浜地区、２課がスーパー・小売店、３課が東北、北海道、関東、４課が中京、静岡、５課が長野、山梨、外国貿易―とした。大阪営業所が西日本全体をカバーし、東京支店で東日本全体を統括するというわけだ。

この中でも特に毅が重点的に取り組む方針を打ち出したのが、中京地区だ。ここは、地元ブランドの「トノサマラーメン」（松永食品）や「寿がきやラーメン」（寿がきや食品）が圧倒的な強さを発揮していた。首都圏トップの「長崎タンメン」ですら販売は伸び悩み、営業真空地帯だった。

中京地区は日清食品や明星食品、エースコックといった他の大手ですらも攻略できなかった特異な市場だった。当時の社内報には、そんな中京地区攻略に対する並々ならぬ決意が示されている。

「トノサマ・スガキヤの二〇三高地、名古屋を制すれば中京を制す」（社内報『サンヨー』1966年7月号）

まず食べてもらう。卸店と協力し、スーパー20店を選び出し、「サッポロ一番」を大量陳列とPOPによって華々しく売り出した。この作戦は見事に成功し、開始早々にして1日20～30ケース完売するスーパーが続出した。

一方、東北・北海道地区は、20円ラーメンが主流となっていて「長崎タンメン」の販売も苦労したが、しかし、そんな中でも「味」については高い評価を得て、徐々にサンヨー食品の名前は知られつつあった。

「サッポロ一番」については、穀をはじめサンヨー食品の営業マンは、低価格即席麺が主流の東北にあって唯一の本物の即席麺だという自信を持って拡販に励んだ。パンチの効いた味の「サッポロ一番」が東北・北海道の若者たちにも受け入れられるはずという確信である。

京浜地区よりも2カ月遅れて、北海道と、そしてしょう油味が好まれる仙台、福島、山形で「サッポロ一番」を発売した。北海道への進出にあたって、販売は前橋を拠点とする漬物の製造販売を手がける新進食料工業（現・新進）札幌支店に委託していた。

関西で「サッポロ一番」を発売したのは、首都圏から遅れること7カ月後の66年8月。大阪、京都、神戸の主要スーパー200店への集中攻撃を開始して、大きな成果を収めた。

工場建設ラッシュ

「長崎タンメン」「サッポロ一番」という2本立ての営業活動が奏功した結果、関西地区、そし

関西工場＝奈良県大和郡山市

九州工場＝福岡県飯塚市

て西日本全体においても売り上げ確保の目途がついた。前橋市内の工場から関西方面への長距離輸送は輸送コスト、時間ともにロスが大きい。そのため、毅の設計の下、関西工場の建設を奈良県大和郡山市で進め、着工からわずか4カ月で完成させ、66年9月から操業を開始した。

そして、関西工場建設とほぼ時を同じくして、名古屋と福岡に営業所を開いた。名古屋は「サッポロ一番」の拡販活動を行い、2大地元メーカーへの牙城崩しに希望が見えたことが大きい。

何よりも、東京、大阪に次ぐ3大消費地だけに拠点は必要である。九州もまた福岡という大量消費地を抱え、九州全域への浸透にも拠点を設ける必要があった。西日本は丸紅飯田との提携で販売活動を行ったが、九州地区も同様の形態をとった。

当初、九州への商品供給は関西工場から行っていた。九州地区での需要をある程度開拓できるという目途がつくと、67年8月には九州全土への供給基地としてかつての炭鉱都市、福岡県飯塚市に日産40万食の九州工場を完成させた。

他の大手メーカーは、地方については地元メーカーを下請けに起用して凌いでいくケースが多かった。だが、毅はまず営業拠点を築いた後、関西にしても九州にしても1年程度の短期間で製造工場を自社で築いている。品質重視、そして先を見越した素早い判断力で投資を決定する。無駄は1円単位で削っていく一方、必要と考えた部分には積極投資を素早く決断するのが毅の経営方針だった。

開発室の新設

サンヨー食品では、初めての即席麺開発から始まって新製品の開発については、常に毅が先頭に立って味の方向性を決め、妻の喜代子のアイデアや意見を大々的に取り入れるという方式をとっていた。

経営者たる毅がものづくりの天才であり、「俺の舌は百万ドル」と自称する味覚を駆使できたがゆえの体制だったといえるだろう。

しかし、企業規模が急激に大きくなる中で、規格の厳守や品質管理、そして徐々に激化する開発競争などに対応するため開発室の設置が必要だと毅は考えていた。しかも、新商品開発は毅が最も力を入れる分野でもあり、自らのものづくり遺伝子を注入するという意味でも重要な部分だ。このころ、毅は「二番煎じは絶対にやってはいけない」を自ら、そして社員に対して厳命していた。

1966(昭和41)年6月、片貝工場北側に新社屋が完成するのと合わせ、開発室を新設した。開発室の業務の一つは、納入される小麦粉がサンヨー食品の規格に適合するかどうかの合否判定、即席麺製品の一般化学分析と官能試験による品質検査など、品質の保全と向上のためのものだった。そして、新商品の開発である。昭和40年代以降徐々にスピードアップしていく商品発売に対応する基礎づくりが始まった。

この新社屋開設に伴って、これまでの片貝工場が本社工場(第1、第2)となって、富士製麺時代から使用している従来の本社工場が天川原工場と改称された。

昭和40年代までは、サンヨー食品の商品開発は毅の発案で始まり、毅の主導で味が決められていった。だから、例えば、最初の「ピヨピヨラーメン」から始まって「長崎タンメン」「サッポロ一番しょうゆ味」「サッポロ一番みそラーメン」「サッポロ一番塩らーめん」に至るまで、開発者は、すべて毅である。

それでも、当然、毅の示した方針に則って、実際に試作品を作り上げるのは開発室の仕事である。発足とほぼ同時に開発室に入社したのが前野弘晴（現・太平フーズ開発研究室長）だった。前野が出社してみると、開発室のために用意された部屋はがらんとして何にも設備らしきものはなかった。毅専務から指示された予算では、各種備品の見積もりを合算するとまるで足りない。知り合いの大工に実験台を安く作ってもらい、なんとか体裁が整った。文字通り、開発室誕生のころから携わってきた存在が前野だった。

前野は当初は検査に明け暮れる日々を送っていた。それこそ、検査は原料となる小麦粉の水分量やタンパク質量の検査から始まって、納入されたフィルムや段ボールの印刷状態まで、広範に及んでいた。

半年ほど経ったころ、毅の指示で「分析ばかりではなく、そろそろ開発をやってみろ」ということになった。毅が前野に与えたテーマは「焼きそば」だった。毅は前野に「最も美味しい焼きそばを作ってみろ」と命じた。

「焼きそばの味を左右する大きな要素は麺である。プリプリした食感の良い麺を作るには小麦粉から抜本的に見直そう」

新設された開発室

前野は前職が乾麺製造会社で、小麦粉に関する知識もあり、その知識を生かして小麦粉の配合に取り組んだ。「ピヨピヨラーメン」と「長崎タンメン」のブレンドから始まって、全く種類の違う小麦粉とのブレンドなどを試してみた結果、パン用の小麦粉とのブレンドが良好だと判明した。ブレンドもようやく「これだ」というものが出来上がったら、今度はスープ作りを行って試作品作りへと移る。翌日の試食に向けて、深夜まで試行錯誤を続けていると、夜中の10時ごろになって、毅が開発室に顔を出すのだ。

「どうだ、良いものができたか」

当時は早朝6時から夜10時まで工場は2交代制を採用していたから、工員たちも帰る時間だった。そんな毅の期待に応えようと、前野は無我夢中で開発に取り組んだ。

こうして完成したのが、１９６７年に発売した「アラビヤン焼そば」。この「アラビヤン焼そば」の麺には従来の即席焼きそばとは大きな違いがあった。麺が一般的なものよりもかなり薄く、その分、面積が大きい。これは毅のアイデアだった。即席焼きそばはフライパンに水を入れ、２〜３分かけて煮て、水分を飛ばす。この時、厚みがあると、下ばかりが水分を吸い込み、上部に水分が行き渡らず、麺の柔らかさにムラが出てしまうのだ。

試作段階で、「アラビヤン焼そば」はややピリ辛で子どもには食べづらいという意見もあったので、少しだけマイルドにし、毅の意向でピリ辛のテイストを特色として残した。その判断の正しさは発売から半世紀近く経つ今でも「アラビヤン焼そば」が現役であることからもうかがえるはずだ。

激しいシェア争い

「サッポロ一番」は、「ピヨピヨラーメン」「長崎タンメン」に続く第3弾のロケットであり、主流のしょう油ラーメン市場をも席巻した。これまでは価格戦略、塩味という傍流的な攻め方をしてシェアを勝ち取ってきていたから、他メーカーとしても油断とはいかないまでもさほどの危機感はなかったのではないか。

しかし、本格派のしょう油ラーメンに進出して、さらにそれが明らかなハイレベルとなれば、大手メーカーとしては手をこまねいているわけにはいかない。

逆に言えば、サンヨー食品とすれば、これでいよいよトップを狙う基盤ができた。このころの手応えを毅はこう語っている。

「このサッポロ一番は第3弾のロケットとして上昇気流に乗り、しょう油味の分野へ深く食い込み、ラーメン市場での優位性を十分に発揮しました。ようやく地球の引力の圏外に飛び出し、加速度を増して軌道を進んでいく状況に始動し始めました。そういう意味で昭和41年からが本格的なシェアアップの年と言えると思います」（『総合食品』１９７９年4月号）

「地球の引力の圏外に飛び出し、加速度を増して軌道を進んでいく状況」とは、エキセントリックな毅らしい表現だ。

実際、この66（昭和41）年、景品付き特売の規制が始まった4月、各メーカーが反動で売り上げを激減させる中、勢いに乗る「サッポロ一番」は好調を維持し、シェアを大幅に拡大させ、他社を慌てさせた。こうした中、しょう油ラーメンを主力商品として先行する大手メーカーは、ようやく反撃に出ようとしていた。

これまでの主力商品だったしょう油ラーメンを超える高品質な自社ブランドの開発を急いだ。完璧なまでの高品質化を図った「サッポロ一番」に対抗するには、高品質化という切り口しかなかったのだ。

大手メーカーによる激しい販売競争が各地で繰り広げられたが、最終的には「サッポロ一番」と「明星チャルメラ」の争いとなった。

68年になると日清食品は、「日清出前一丁」を市場に投入し、「チキンラーメン」以来のしょう油ラーメン分野での大ヒットを放った。

「サッポロ一番」を機に始まった高品質化路線は、「明星チャルメラ」や「日清出前一丁」など、現代に至るまで続くロングラン・ブランドの誕生を促す結果ともなった。

高品質の証し・JAS認可

完璧なものづくりを志す毅にとって、それは商品の開発だけでなく、開発した商品の大量生産体制についても同様だった。最高の品質で大量生産し、市場に供給する。それが多くの消費者の支持にもつながる。

一方、即席麺業界全体としてみれば、市場の拡大とともに玉石混淆となって品質にも格差があったのは事実である。品質や規格の公正を期す声は、業界の内外から高まった。そんな中、1965(昭和40)年10月、農林省は「即席めん類の日本農林規格」を施行した。これにしたがってJAS(日本農林規格)を格付けする機関として、業界団体の日本ラーメン工業会が指定された。

消費者保護のため品質を確保することを目的とするＪＡＳ制度だが、即席麺業界においては品質確保の義務を課すことによって乱立する粗製濫造メーカーの淘汰という側面もあった。

最高峰の品質を目指していたサンヨー食品としては、ＪＡＳ認定工場に指定されるのは必要最低限の条件と考えた。しかも、天川原や片貝など前橋市内の地元工場以外にも各地へ次々と進出し、一方、下請けの協力工場も数多く抱えていた。製造する全工場で品質の標準化を図ることは極めて重要だった。

そこで、早速65年10月から認可登録に取りかかり、早くも66年5月には協力工場も含めて全工場のＪＡＳ認可登録を完了。市場に出荷されるすべての商品がＪＡＳマーク付きとなった。

「アラビヤン焼そば」

即席焼きそばは、「日清焼そば」（日清食品）をはじめ、「焼そば」（エースコック）、「明星焼そば」（明星食品）、「マルちゃん焼そば」（東洋水産）など、すでに大手メーカーが先行し、大きなシェアを獲得していた。

「アラビヤン焼そば」披露パーティ

この市場に、1967(昭和42)年4月、サンヨー食品は「アラビヤン焼そば」で参入した。「長崎タンメン」「サッポロ一番」と図抜けた企画力で注目されてきたサンヨー食品が満を持して投入する即席焼きそばは発売前から大きな話題を呼んでいた。

もちろん、ネーミングを考案したのは毅だ。「長崎タンメン」「サッポロ一番」に続き、「アラビア」という地名を冠した。さらに一ひねりして語感を重視した「アラビヤン」というエキゾチックな響き。「不思議なほどにおいしくできます」というキャッチコピーとともに味に対する期待感を増幅する。

いざ食してみると、ピリッとした辛みが「アラビヤン」という語感にベストマッチする。ともかく、少なくとも先行する各社のネーミングと比べても突出してコンセプトが前面に出ていて、インパクトが強いのが分かるはずだ。

従来商品の麺よりも一回り大きく、水に当たる面積が広い。そのため、麺状がやや薄くなっていて、料理の出来上がりが早いことも人気を後押しした。紅しょうがと青のりを付けたのも業界初。

発売と同時に17円の試食セールを行ったことも奏功し、注文が殺到した。味についても評判は上々で、発売後1週間足らずでサンヨー食品には「他社商品と異なり、麺が切れない」「味がピリッとしておいしい」「ネーミングがすばらしい」「パッケージが面白い」「紅しょうががよい」といった試食の感想を記した手紙が届くなど、好評を博すことができた。

「アラビヤン焼そば」の発売で話題を呼んだことが、もう一つある。即席麺業界で初めて品質保証期間を付けたことだった。もちろん、毅のアイデアだ。毅の期待に応え、開発室や製造部のスタッフが研究を重ね長期保存を可能にした。その自信が品質保証期間の明示を実現させたのだ。保証期間を過ぎたものは引き取ることも宣言し、消費者第一主義として賞賛された。競合他社にはショックを与える「事件」だった。

即席焼きそばの市場は、ラーメンやタンメンほど大きくはない。だから、爆発的な大ヒットは望めないが、それでも「アラビヤン焼そば」は一定の人気を保ってきた。それは、現在でも現役のブランドであることからも根強い人気の一端は伝わってくるはずだ。

工員を集める工夫

「長崎タンメン」「サッポロ一番」と相次ぐ爆発的ヒットにより、サンヨー食品は生産体制の急速な整備が求められた。配送のトラックが工場の前で列をなすという現象も続き、工場を各地に新設していくこととなった。工場は2交代制で増産に次ぐ増産。その過程で、当然課題となったのが工場で働く人材の確保だった。片貝にある2つの工場は、それぞれ2交代制で計1000人の工員が必要だ。

特に即席麺の需要が増えるのは秋口から翌春までだ。製造部長の森田はこのサイクルに着目した。農業の盛んな群馬県では、春から秋の収穫までが農繁期だった。だから、8月から翌春までの臨時工員を農家の多い地域で募集をかけた。東京などの首都圏と異なり、まだ群馬には大きな工場やスーパーチェーンは少なく、女性の職場は多くなかった。

このアイデアは大成功を収め、農家の女性が大挙してサンヨー食品の臨時工員となってくれた。農閑期の仕事として喜んでもらえたのだ。森田は通勤バスを農業の盛んなエリアに回すなどして対応した。

このようにサンヨー食品の成長を現場で支えたのは、群馬の女性陣だった。農業、子育て、そしてサンヨー食品。家庭と家計を切り盛りする、群馬のたくましく生きる女性の姿がそこにはあった。

毅の妻喜代子は後年になって、長年にわたって工場で働いた女性から感謝の手紙をもらったことがある。

「サンヨー食品の工場で働かせてもらったおかげで、子どもを大学に進学させることができました」

農家の現金収入というのは、例えば米作なら、年に一度だけ。不作ならそれも望めない。だから、定期的な現金収入は家計を支えるには貴重だったのだ。

淘汰の嵐

高品質化路線やＪＡＳ認可制度の導入などは、低品質のメーカーが淘汰される傾向を加速させていく。

１９６７（昭和42）年、公正取引委員会が即席麺・スープ・みそ汁などのインスタント食品72点を検査したところ、「五目そば」とあるのに乾燥ネギが一切れだけの即席麺など30点が落第品となっている。

こうしたメーカーは消費者への訴求ポイントが価格しかないから、ますます経営は苦しくなる。67年に始まった大判化においても価格は据え置きで、しかも従来と同様の10円台の安売りが行われることもあったから、大手といえども採算ぎりぎりだった。

食数の伸びを見ても昭和30年代後半の高度成長から一転して飽和状態に近づいてきた。

こうした中、「40年不況」と言われた65年には中堅３社を含め１００社ほどが倒産に追いやられ、再び倒産の波が業界を襲った。

68年1月にはブランド「アサヒダルマ印」で知られる、鄭桐田が経営していた富士食品工業（本社・高崎市）が倒産した。鄭はサンヨー食品に先行して即席ラーメン業界に参入し、泉屋の古くからの取引先でもあった。

前述したように、穀に即席麺業界への参入を進めた男でもある。サンヨー食品が県内や新潟を中心に営業していた時代は強力なライバルでもあった。サンヨー食品を上回る販売量を誇っていた時期もあった。

続く3月、最盛期には年商30億円で業界第5位と、中堅最大手だった名古屋の雄、「トノサマラーメン」の松永食品工業が会社更生法の適用を申請した。過当競争からの安売りや九州、中国、四国地区への販売網拡大が失敗した。名古屋地区のシェア60％を誇っていた「トノサマラーメン」を持つ松永食品工業の倒産は大きなショックを業界に与えた。

続いて、東北のナンバーワン食品、東京の第一食品工業といった年商20億円台の中堅企業が相次いで倒産した。

また、サンヨー食品が組んだ日魯漁業のように、缶詰などの水産加工業者による即席麺業界への進出が昭和30年代後半に相次いでいたが、こういった企業群も東洋水産以外はことごとく撤退していく。

こうした中、大手5社（日清食品、明星食品、エースコック、東洋水産、サンヨー食品）のシェアは合わせて84％に及び、寡占状態に至った。首都圏や大阪といった巨大都市だけでなく、札幌、仙台、名古屋、福岡といった全国主要市場のほとんどで大手の進出が激しく、中堅メーカーは苦戦を強いられたのだ。

「サッポロ一番」海外へ

毅は「サンヨー食品」という社名に、太平洋、大西洋、インド洋を股にかける大企業にしたいという夢を込めた。

その第一歩となる海外輸出の話が舞い込んだのは1965（昭和40）年の終わりころだった。貿易商社から営業部へ、「長崎タンメン」に関しての引き合いが相次いだ。

翌年2月には、香港、サンフランシスコ、シアトル向けのトライアル・オーダーの船積みに加え、北米、ヨーロッパなどからも有望な引き合いが相次いだ。「サッポロ一番」を発売すると、「長崎タンメン」とともに「サッポロ一番」への引き合いも増えた。

当初は日本語のパッケージだったが、やがて中国語と英語の2種類のパッケージで輸出するようになった。貿易商社から注文が入ると、本社工場で梱包され横浜港へ運ばれた。67年ころ、輸出先は香港、ジャカルタ、ホノルル、ニューヨーク、サンフランシスコ、ロサンゼルス、トロント、ロンドン、ハンブルク、ベネズエラなど欧州、アジア、南北アメリカに及んだ。需要は現地の日本人や日本人船員が中心だったようだ。

この年、本社にドイツから日本人留学生による一通の手

海外向け「サッポロ一番」

紙が届いた。

「私はドイツに留学している一学生ですが、祖国を離れて生活していると、何かにつけて日本の物に憧れます。この間、街のマーケットに並んでいたサッポロ一番を見つけ、小おどりして買い求めました。インスタントラーメンであるサッポロ一番の味、香りはまさに日本の技術が生んだ世界的商品だと思いました。特に異国で食べるこの味は、格別で、日本人であるほこりを感じました。このサッポロ一番なら世界中の人々に喜ばれる日も遠くないでしょう」

当時の海外需要は国内の規模からみれば、微々たるものだ。けれど、この始まりこそが後の海外展開の第一歩へとつながっていく。

急成長期を支えたサムライたち

「長崎タンメン」や「サッポロ一番」の発売によって、会社は急成長を遂げる。全国に商品を速やかに供給するため、関西や九州に工場もつくった。

飛ぶ鳥を落とす勢いで成長を続ける当時のサンヨー食品に最も必要なのは、いうまでもなく優秀な人材だった。「ピヨピヨラーメン」を発売するころから会社を支えてきたのは、前述したように製造部門では森田、営業部門では毅の弟である信夫や女屋らがいた。

彼らの他にも草創期のサンヨー食品の飛躍を支えた多くの中途採用の社員がいた。信夫や女屋らとともに初期のサンヨー食品営業部隊の1人として活躍した人物に伊東律次がいる。伊東は1963（昭和38）年、「ピヨピヨラーメン」の発売を前にして女屋と同時に入社した。3人は群馬や東京を除く関東・甲信越地方などを開拓すると、毅の「東京を制する者は全国を制する」

のかけ声のもと、東京への営業に精力を傾けた。伊東はフットワークの良い営業で次々と取引先を開拓していった。昭和40年代の前半は東京営業所長として辣腕を振るった。伊東は後に即席麺のかやく類を製造する会社を起業し、サンヨー食品の取引先となった。毅の友人としても生涯にわたって交流を続けた。

「サッポロ一番」がデビューした1966年に入社したのが九州大学出身の恋塚晴三だ。恋塚は山種証券で証券営業に携わった経験を買われ、入社以来一貫して営業畑を歩んだ。入社から1年ほど経ったとき、「九州工場をつくるから、九州に行って取引先を開拓してこい」と毅に言われ、新しくできた九州営業所に赴任した。

「入社早々、責任ある仕事を任され意気に感じました。ゼロから開拓しようというのに、すでに立派な工場が出来上がっている。商品によっぽどの自信がなければ、こんな大胆なことはできないと思い、営業活動に一心不乱に打ち込みました」

とはいえ、当初はなかなか食い込めない。折角できた工場の女性社員たちも草むしりが日課という時期もあった。そこで、恋塚の発案によって、女性社員を2人1組にして、スーパーの対面販売に送り出したところ、これが大成功。自分でつくった商品を売る売り子部隊の熱意のこもった積極販売はお客さん、スーパー経営者に大好評で、瞬く間に九州中に広がった。特に「サッポロ一番みそラーメン」「サッポロ一番塩らーめん」は大好評で、九州にサンヨー食品の大きな市場を築くことに成功した。恋塚は後にサンヨー食品の副社長を務めている。

恋塚が九州に赴任したときの初代九州工場長が小園江五郎だ。京都大学出身の小園江は1966年に入社し、初代関西工場長を務めた後に九州へ移っていた。「九州工場のあった飯塚市は炭坑の町で、300人いた工員の中には気性の荒い男たちも多かった。管理するのは並大抵ではないが、いつもニコニコしている円満な性格の小園江さんが指示を出すと、みな逆らうことなく従った。人の扱いがうまく、仕事も滅法早い工場長でした」と恋塚は振り返る。後に小園江は東北工場長や総務部長なども務め、1977年にはスープ部門の子会社・太平フーズの社長に就任している。

1967年に入社し、製造畑で関西工場や本社工場、富岡工場の工場長を務めたのが慶徳勝正だ。その後、慶徳は総務部長、常務・専務として毅の右腕として八面六臂の活躍をした。特に、昭和50年代になってサンヨー食品がゴルフ事業などの新規ビジネスに着手した際は、毅の意向を受け、黒子となって、土地買収や各種申請業務をはじめすべての実務作業を着実にこなしていった。

毅の末弟、井田努が入社したのは1969年。名古屋支店で営業として働いた後、長くサンヨー食品の広告・宣伝部門を牽引した。毅と、気心が知れており、社長室長兼企画室長というポジションは努がうってつけだった。

一方、井田家の家族企業的な状況から一気に即席麵業界を代表する大企業に駆け抜けていく途上にあった1965年ころのサンヨー食品は、組織としては脆弱で未発達だった。そんなサンヨー

毅の右腕として大活躍した慶徳勝正（富岡ゴルフ倶楽部にて＝左）

食品の組織を秩序のあるシステムに構築していったのが、１９６５年に入社した越智政一だ。越智は労働基準局出身の元官僚。サムライ揃いのサンヨー食品にあっては異色の人材だが、官僚的手腕を持って、サンヨー食品の組織づくりに大きな役割を果たした。

episode

何度も食べたくなる味

　毅が作ろうと思ったしょう油ラーメンは、すべてにおいて完成度の高い、ナンバーワンのラーメンだ。そうでなければ、後発のサンヨー食品がしょう油ラーメンの分野でシェアを奪うのは無理だと考えていた。だから、「まずまず」で妥協することはありえない。すべてに完璧を期す覚悟で臨んだ。

　毅がラーメン作りにおいて考えたのは、美味しすぎる味ではなく、一歩引いた味。インパクトが強すぎては何度も食べたくならない。

　ここに毅の即席麺作りへの思想が見てとれる。極上の美味しさを求めてしまいがちだが、あえて一歩引く。大量生産となる商品を作るためには、「何度でも食べたくなる」味が必須なのだ。毅の弟で子会社・太平フーズの代表取締役社長を務める井田努は、後に気になっていることを毅に聞いたことがある。

「毅兄さん、札幌ラーメンの味とサッポロ一番の味は違うんじゃないか」

「当たり前だろう。あんなに美味しくては、たまにしか食べたくならないよ。何度も食べてはもらえないだろう」

　また、粉末のスープには乾燥ネギを入れる工夫を施したが、これは業界初の試みで70年代になるとこのスタイルが一般化していく。

　さらに麺はもちろん「長崎タンメン」とは小麦粉も異なる種類のものを厳選し、コシをつけるために四角い形とした。スープ別添ではあるが、麺自体にもしょう油を練り込んだ。

第7章

日本一の座

大判化めぐる激闘

１９６７（昭和42）年から翌年にかけて、即席麺業界は大手５社の中でも特に日清食品、明星食品、サンヨー食品のマッチレースの様相を呈していた。本格派しょう油ラーメンの分野では、「サッポロ一番」と「出前一丁」「明星チャルメラ」の激しい争いである。

一方、エースコックは67年12月に１００グラムという大判タイプの「駅前ラーメン」を発売し、若者に大受けしていた。この大判化はスープ別添に次ぐ即席麺業界の革命と呼ばれるほどの出来事だった。

価格は85グラム時代と変わらないから、１社がこの仕様で先行すると、他社は従わざるを得ない。味とはまた別の問題となる。

「一番煎じは絶対にするな」と厳命していた毅にとっても、量的な仕様変更は無視するわけにはいかない。どうせこれが業界全体に波及す

「サッポロ一番大判100ｇ」発表会で挨拶する井田文夫社長

るのなら、その中でも先陣を切って仕様を合わせていくしかない。早くも翌月の68年1月には、「サッポロ一番大判１００ｇ」を発売した。すると、これが消費者には好感を持って受け入れられ、1カ月ほどで生産が追いつかない状態に至った。サンヨー食品の成功を見た上で、その他の企業は大判化に踏み切った。

サンヨー食品は67年時点で、「サッポロ一番」「長崎タンメン」「アラビヤン焼そば」「ピヨピヨラーメン」という4ブランドのテレビＣＭを打つなど、堅調な営業活動を続けていた。

「サッポロ一番」が好評な売り上げを維持する中、毅は競争激化する市場で一層優位に立つためにさらなる大ヒット商品の開発を始めた。「サッポロ一番」のブランドを確立するためには、次の一手が必要だった。

みそ味の秘密

「サッポロ一番」のヒットは、都内に札幌ラーメンブームとも言える状況をつくりだしていた。「札幌」を冠したラーメン屋さんが数多く出店し、そこで供されるラーメンはしょう油がメーンだったが、少数ながらみそ味や塩味などもあり、多彩なものだった。

この時期、札幌ラーメン以外でみそ味を出すラーメン店はあまりなかった。毅は商用で北海道を訪れた際には当然みそラーメンを食したことがあり、濃厚で香ばしいみそ味のおいしさをよく理解していた。

即席麺の分野でもみそラーメンが皆無というわけではなかった。しかし、成功はしていない。

そんな状況の中、毅は、みそ味のラーメンに将来性を感じていた。他社が手を出していないことも有利である。だれにも真似のできない味をつくりだし、強固なブランドとするのだ。「サッポロ一番」というブランドを確立するために味のバラエティー化を図ろうと考えた。

すでにサンヨー食品には開発室がスタートしていて、しかも外注のスープメーカーとも取引があった。みそラーメンの開発はもちろん毅の意向を汲んで開発室が中心となる。しかし、毅は試食時において誰よりも的確な喜代子の判断を信頼していた。

1968年９月に発売された「サッポロ一番みそラーメン」

だから、開発室や外部のスープメーカーで作った試作品を自宅に持ち帰り、喜代子にも試食してもらう。試食における喜代子の意見・指示を次の試作品に反映させる。そこで出来上がった試作品を再び喜代子に試食させる。

みそラーメンでは試作品を100パターン以上も作って、入念な検討を繰り返した。気の遠くなるような地道な作業の繰り返しだ。そうしてたどり着いた、これなら自信をもって市場に送り出せるという商品が「サッポロ一番みそラーメン」だった。

みその醸造元に依頼し、赤みそや白みそなど7種類のみそと野菜エキスをブレンドし、ほどよい香辛料をミックスしたスープを完成させた。さらに七味唐辛子を別添した。

コクのある濃いめの味で、具をたくさん入れても、お湯を多少入れすぎても、その味のクオリティーは落ちない。決め手となるスープは、濃くても薄くても美味しく感じられるのが肝となる。

みそのブレンドがミソというわけだが、実は喜代子の発案で行った一ひねりが加えられていて、それが他社に真似のできない味わいの決め手となった。喜代子にとっても今まで協力したスープ作りの中でも、みそラーメンが最高の完成度だったという自信があった。

喜代子の考案した一ひねりが味にいっそうの深みをもたらし、半世紀にもわたって即席袋麺のトップに君臨する絶品ブランドの誕生に結びついた。

即席麺のスープと麺

ところで、即席麺に付いているスープは粉末だが、もちろん最初からいろいろな種類の粉を調合するわけではなく、試作段階では普通にスープをつくる。何種類ものみそや野菜のエキス、調味料を粉末にするには、主としてスプレードライという方法による。

第1段階としては、みそラーメンなら、まずブレンドしたみそ、調味料や肉、野菜でスープをつくる。これをスプレーで吹いて霧状にして、瞬時に乾燥させて粉にするという技術だ。もう少し具体的に言うと、高い塔のようなところからスープを噴霧し、そこに熱風を送り込む。そうすると粉末となって下に落下してくるのだ。

麺にしても「サッポロ一番しょうゆ味」はコシを付けるため断面が四角にしてあったが、みそラーメンはスープの絡みやすさを最も重視し、断面を見ると楕円形となっている。

ちなみに、即席麺の麺の作り方を見ておこう。まず、小麦粉をよく練る。これはグルテンという粘りの成分を出すためで、即席麺であろうと生麺であろうと共通の工程だ。ここで十分に練らないと、麺のコシが出ない。

次に、よく練った小麦の塊をローラーで伸ばし、麺の細さにカットする。これを蒸してから油で揚げると即席麺の出来上がり。油で揚げると麺に含まれる水分が一瞬で蒸発して、麺の表面に多孔質と呼ばれる穴ができる。この穴のおかげで、湯で戻しやすくなるというわけだ。油で揚げると、水を含まないから保存性も高くなる。また、揚げた麺は香ばしくスープにコクも出るし、味がまろやかになる。

即席麺のほとんどはちぢれ麺だが、麺が真っ直ぐだと蒸したり揚げたりする工程で麺同士がくっついてしまう。ちぢれていればくっついたとしても一点で接するだけだから、ほぐしやすい。麺の流れるベルトコンベヤーに引っかかりを付けてあえて渋滞させることで、ちぢれを加える。

他社の追随許さず

即席麺が世の中に登場してからちょうど10年経った1968（昭和43）年8月19日、関東地区の特売店を集めて「サッポロ一番みそラーメン」の発売を発表した。

サンヨー食品は即席麺業界では後発であり、大手メーカーの一員に列せられるようになった時期も遅い。この時点でのブランド数は「ピヨピヨラーメン」、「長崎タンメン」、「サッポロ一番しょうゆ味」、「アラビヤン焼きそば」など4ブランドだけで、新商品を絞りに絞っていた。ただ、それだけに発売したものはどれも企画性が高く、みなヒットしていた。

そんなサンヨー食品が新たに出すみそラーメンだけに、他社は無視するわけにはいかなかった。そして、大手にとどまらず中小に至るメーカーまでが、急遽、みそラーメンの発売に向け動き出したのだ。

また、巷のラーメン店でもみそラーメンをラインアップに加えるところが増え、同年秋以降、みそラーメンブームと言われる状況に至った。

みそラーメンがあまりなじみのなかった本州に一気に多くのメーカーがみそ味のラーメンを投入するという異常事態が生じた。この混沌とした争いで、結果として残ったのは「サッポロ一番みそラーメン」のみだった。この時点で、みそラーメンの商業化に成功したのは十分に開発に手間暇をかけたサンヨー食品だけだったのだ。その理由は、毅や喜代子にはよく分かっていた。

他社は、サンヨー食品対策として突貫工事のごとくみそラーメンの開発を急ぎ、あわてて発売したために、単純にみそとラーメンと組み合わせただけの、簡単に言うとみそ汁の中に麺を入れただけの「みそ汁ラーメン」となってしまっていたのだ。それではラーメンとしては美味しくない。

「サッポロ一番みそラーメン」は、同年秋には早くも同業他社のブランドに大きく水をあけ独走態勢に入った。

「サッポロ一番みそラーメン」は、美味しいけれど、決して美味しすぎない。インパクトが強すぎる、美

「サッポロ一番みそラーメン」発表会での井田文夫社長

味しすぎる味は一度食べれば十分、となりかねない。飽きが来ないように、そして各家庭でのアレンジがあって初めて完成する味。この微妙な部分は、「サッポロ一番みそラーメン」に限らず「サッポロ一番」全体に共通する特徴だが、そのさじ加減は毅の感性というより他に表現のしようのないところでもあった。

藤岡琢也をCMの顔に

「サッポロ一番みそラーメン」においても、それまでの新商品と同様にパッケージやテレビCMにも万全を尽くした。

同一ブランドのバリエーションだから、パッケージは第1弾のしょうゆ味と色違いとか、通常のメーカーはその程度の展開を図るのが通例だが、毅の場合はゼロから考えるのが基本で、「サッポロ一番」のロゴタイプ以外はすべてオリジナルだ。そのロゴタイプにしても、「しょうゆ味」とは大きさが異なっていた。

発売の数カ月前、サンヨー食品との新規取引を意図し営業活動を仕掛けていたのが共同印刷である。新規の取引を実現するには新商品に合わせた提案をするのが近道と考えた同社の担当者とデザイナーは、ラーメンの食べ歩きから始め、サンヨー食品が次に考えている新商品を「みそラーメン」だと予想した。

同社は、サンヨー食品が「長崎タンメン」以来採用している調理見本をメーンビジュアルにしたパッケージデザインで毅にプレゼンを行った。すると、数日後、同社の営業担当のもとに「この案を採用したいから、打ち合わせをしよう」と連絡が入った。1968(昭和43)年春のことだった。

ものづくりに大きなこだわりを注入する毅の元には、クリエーターにしてもどこか一般とは違うこだわりやスケール感を持つ人材が集まった。このときパッケージデザインを担当した竹村俊彦は、やがて、毅にとってのデザイン顧問のような存在となっていく。

テレビＣＭは、発売時は中村玉緒を起用した。発売した翌々年、「サッポロ一番みそラーメン」のＣＭに初めて藤岡琢也を起用した。以降、「サッポロ一番」のＣＭでは、一貫して藤岡琢也を起用し、まさに「サッポロ一番」の顔、「変わらぬ美味しさ」を訴求し続けていくことになる。

業界2位に

東京オリンピック後の１９６５（昭和40）年は「40年不況」と言われたが、翌年秋を底に再び日本経済は二桁成長に突入し、70年度までその上昇は続いた。これが「いざなぎ景気」であり、いってみれば高度経済成長の仕上げだった。

ちょうど「40年不況」と言われた時期、即席麺業界も不況に陥り、それまでの高い成長が急速に減速し淘汰が進んだ。

このような時期、サンヨー食品は「長崎タンメン」そして「サッポロ一番しょうゆ味」という大ヒット商品を連発し、大手４社の末端に加えられ、その後も一気にシェアを伸ばしていった。業界が停滞する中で、一躍急成長を遂げたというわけだ。そういうタイミングでさらに「サッポロ一番みそラーメン」を発売して、ブランド力を一層強化した。

こうした中、サンヨー食品の売り上げの推移を見てみると、65年54億円、66年80億円、67年

100億円、68年115億円、69年130億円、70年180億円と毎年増収を続けた。即席麺業界全体の生産量の推移は65年25億食、66年30億食、67年31億食、68年33億食、69年35億食、70年36億食と徐々に需要の伸びが鈍化しつつあるのが分かる。

即席麺が市場に登場して約10年にして、飽和状態が近づいた感があった。サンヨー食品は飽和が近づいてから大手メーカーに仲間入りしたわけで、自社ブランドを発売するタイミングにしても、ぎりぎりだったことが分かる。もう少し遅ければ間に合わなかったかもしれないのだ。

サンヨー食品がさらに成長するためには、圧倒的な強さを誇る首都圏に対して、ウイークポイントとされた地方の強化が課題だった。各地方都市では、地元の中小メーカーに加え、大手5社が熾烈な争いを繰り広げていた。そんな中、激しい競争を勝ち抜くため、70年2月、毅は文夫と相談して営業組織の大改革に踏み切った。

東京神田に本社営業部を新設し、信夫常務が営業部長として指揮を執る。その下に、東京支店、名古屋支店、大阪支店、九州支店という4支店、さらに中国・四国地方を管轄する広島営業所をおく。東京支店には京浜、北関東、東北という広範なエリアを担当する営業1課・2課に加え、札幌出張所、新潟出張所、静岡出張所の3出張所をおいた。この営業網で、東北地方など拠点のない部分はあるものの、全国をくまなくカバーする体制ができた。

こうした中、大手5社の中で5番手からスタートしたサンヨー食品だが、ブームをつくり出すほどのヒット商品を連発し、首都圏市場で圧倒的な強さを示し、徐々に日清食品と首位を争うところまで成長することができた。

汗まみれの営業

サンヨー食品が大手5社の中でもトップを争うレベルまでごく短期間で這い上がることができた最大の要因はもちろん毅の商品開発力だったが、全国にくまなく商品を届けようという営業の力によるところも大きかった。前橋から始めて、何ら地盤のないところを一カ所ずつ切り開いていった途方もない地道な営業力だ。

激しい競合や激変する流通業界の中で即席麺を販売するのは、いかに商品力が優れているとはいえ決して簡単なことではない。

流通関係について見ると、この時期、特筆すべきは、小売りが食料品店・雑貨店からスーパーに大きく移っていったことだろう。

スーパーの中には安売りを目玉に集客するチェーンもあった。当時、中でも関西でメキメキと頭角を現していた大手スーパーチェーンは極端な低価格で「長崎タンメン」を売り出した。大阪営業所長の女屋敏夫は「1社だけが特別な安売りをしたら、よそのお店で全く売れなくなってしまうから、あんまりな安売りは控えて欲しい」と再三申し入れた。だが、聞き入れてもらえない。

そして、ついに「長崎タンメン」はその大手スーパーチェーン全店の店頭から撤去され、代わりに「長崎タンメンは当店にはおいてありません」との貼り紙が提示された。そこで今まで30円程度で販売していた「長崎タンメン」を5円程度の値引きで他店で販売するようにした。たとえ5円でも通常価格よりは安いから、以前よりは販売量は増えた。

それから間もなく大阪支店にその大手スーパーチェーンの担当者がやってきた。

「うちも扱わせてもらいます」

女屋とすれば、相手から折れてくるのを待っていたわけで、言ってみれば我慢比べ。

「いいですよ、別に扱ってはいけないなんて言っていません。お宅の方から、商品を下げたんですから。ただ、ご承知のように周りのスーパーとある程度協調して売ってくれませんか。みなさんと同じように売っていただけるのなら、どんどん商品を供給しますよ」と女屋は答えた。

女屋とすれば、当然どこのお店に行っても長崎タンメンが並んでいる状態にしたい。1店だけ特別に安いと、サンヨー食品はあそこだけ特別価格で出しているのではないかと疑われて、扱ってもらえなくなってしまう。

こんな具合に、人気ブランドが1、2点あるだけの後発メーカーだったが、女屋は巨大スーパーに自らの主張を認めさせることができた。このとき、毅は「無理な安売りを強要するなら、あえて商品を置かなくもていい」と女屋の作戦を支持した。

ただ、せっかく大阪に進出したのに大手スーパーチェーン店頭から人気ブランドが消えてしまうのは女屋にとって耐えがたいことだった。とはいえ、1社だけ特別な低価格で売られては、他社に顔向けができない。だから、ぎりぎりの交渉を行った。

大阪には間口の狭い対面販売のお店が天神橋筋や鶴橋など至るところにあった。女屋はそうした商店街や市場に出かけ、自らガスコンロを持ち込んで朝売りを行っていた。そこで、試食をしてもらう。大阪商人は食べた手前「せっかくだから、もらっていくよ」などと交渉が成立する。こんな具合に、お客様と直につながっていた。だからこそ、1店だけの極端な安売りは信頼関係を壊す。

三井物産と取引開始

汗まみれの営業を支えた販売基盤として2商社体制が挙げられるだろう。

営業マンは流通問屋を開拓し、サンヨー食品の商品を売り込むが、契約上の流れはサンヨー食品と流通問屋との間に特約商社が入る。特約商社と取引することによって、安定した取引体制を構築することができる。関西進出時に丸紅飯田（現・丸紅）と取引を始めたのを機に、西日本におけるサンヨー食品の営業展開上、丸紅が重要なパートナーとなり、特約商社となっていた。

1968（昭和43）年、「サッポロ一番みそラーメン」の九州地区発売に際して、流通問屋から取引商社の複数化を求める声もあり、三井物産株式会社福岡支店が浮上した。三井物産は名古屋を牙城とする「トノサマラーメン」の松永食品の特約商社だったが、倒産してしまい、即席麺の取り扱いを失っていた。

そんな双方の事情を背景に、「サッポロ一番みそラーメン」の新発売を機に取引が始まった。九州・四国から2商社体制での販売が始まり、中国・関西・東海・関東へと広がり、さらに北上して東北・北海道へと全国展開となった。

この2商社体制が、やがて現在に至る強固な販売基盤へと成長していく。

「塩らーめん」の快進撃

「サッポロ一番しょうゆ味」「サッポロ一番みそラーメン」とビッグヒットを連発した毅が次に

考えたのは、「サッポロ一番」ブランドのさらなるラインアップの充実だった。ライバルとなる他大手メーカーは新商品を多発していたが、サンヨー食品は絞りに絞った商品を市場に投入し、確実にビッグヒットにつなげていた。

そして翌1971（昭和46）年、社員に向けた年頭挨拶で、毅は「サッポロ一番」ブランドの一層の充実とシェア50％を高らかに宣言した。すでに、このとき次なる展望を毅は考えていた。まず、同年4月には、「サッポロ一番ソースやきそば」を発売した。従来の即席焼きそばは、「アラビヤン焼そば」のように粉末ソースが主流だったが、当時としては先進的な液体ソースを付けた。粉末にするか、液体にするか迷った毅は喜代子に助言を求めた。喜代子は香りを重視して液体ソースを勧めたのだった。

そして、毅が「サッポロ一番しょうゆ味」「サッポロ一番みそラーメン」と並ぶ主力商品とすべく満を持して新開発したのが、「サッポロ一番塩らーめん」だった。

「しょうゆ味」、「みそラーメン」同様に、「塩らーめん」にも毅のこだわりが満載され、ブラッシュアップし尽くされた状態で発売した。すでに述べたように「サッポロ一番」という同じブランド名を冠してはいても、「しょうゆ味」と「みそラーメン」では、食感やスープとの相性を考え、麺からしても異なっていた。「サッポロ一番」は文字通り札幌ラーメンを基本にしている。麺にコシが必要であるというのが先ず基本。中でも、「塩らーめん」はやはり普通の麺ではマッチングしない。「サッポロ一番塩らーめん」はパン用粉と麺用粉のミックス。しょうゆ、みそ、塩の「サッポロ一番」シリーズすべての麺の原材料、形状が異なっていることは意外に知られていない。

麺の断面は「しょうゆ味」が四角、「みそラーメン」が楕円形だが、「塩らーめん」は円形。「しょうゆ味」は麺にコシをつけるために四角で、「みそラーメン」は麺にスープが絡みやすいようにという理由から楕円で、「しょうゆ味」の麺にはしょう油が練り込んであるから、色も茶色がかっている。

「塩らーめん」の麺は山芋を練り込んでぷりぷりした食感の丸麺で、さっぱりとした食味が特徴だ。

「サッポロ一番塩らーめん」を新発売したのは、１９７１年9月1日。発売と同時に東京、大阪で20万ケースを消化しても注文はやまず、連日得意先に謝りの電話を入れるという事態に直面した。

この年の年頭、毅のシェア50％宣言を受けて、営業部は全国を「サッポロ一番」一色に塗り固める作戦を密かに考案し、「サッポロ一番塩らーめん」の発売に備えていた。計画通り、直営４工場、下請け10工場をフル動員して日産４５０万食という業界史上新記録の大増産態勢をしいて勝負に出た。9月、10月は60万ケース、11月には80万ケースを生産する快進撃。

9月にはまず東京、大阪で先行発売。10月は名古屋、11月には静岡、東北、新潟、四国で一斉出荷。さらに12月には山梨、四国、九州へ。

「サッポロ一番塩らーめん」

「サッポロ一番しょうゆ味」と「サッポロ一番みそラーメン」が品目別シェアのトップ争いをしていたところに、投入された「サッポロ一番塩らーめん」。これで、しょうゆ・みそ・塩の味のトリオが揃ったわけである。「破竹の勢いで全国を制覇」と題する当時の社内報「サンヨー」（１９７１年12月25日号）には、「全国の市場がサッポロ一番トリオで席巻され、その独壇場となる日もそう遠いことではあるまい。その時こそ市場シェア50％は完全に私たちサンヨー食品の手に確保される日である」とあり、勢いに乗り、自信に満ちた様子がうかがえる。

それまでの商品と同様に、「サッポロ一番塩らーめん」でも、テレビCMの存在を忘れるわけにはいかないだろう。

軽快なリズムとともに「ハクサイ、シイタケ、ニーンジン、季節のお野菜いかがです」とフレーズが流れ、具だくさんの塩ラーメンを美味しそうに食べるCMだ。食べ方を見事に提案したCMは一度見たら頭にこびりついて離れない。子どもたちがコマーシャルを口ずさむ光景がよく見られた。「サッポロ一番塩らーめん」といえば、このCMソングが頭に浮かぶ人も多いことだろう。

10年で日本一に

1970年代の前半、長期にわたる「いざなぎ景気」を謳歌し、GNP世界第2位に躍り出た日本。中でも1億総中流社会と優れたものづくり産業は他国を追随させない強みだった。

サンヨー食品もそんな日本の高度経済成長、そしてものづくり産業の一翼を担う存在なのは言うまでもない。即席麺業界自体は食数から言えば飽和が近づいているような状況だったが、サンヨー食品は業界不況をものともせず快進撃を続けてきた。

「サッポロ一番　塩らーめん」発表会での井田文夫社長

順風満帆な日本経済の雲行きが変わったのは、「サッポロ一番塩らーめん」を市場に投入した１９７１年。

「サッポロ一番塩らーめん」の発売を約10日後に控え、穀や文夫らが準備に奔走していた8月15日、アメリカのニクソン大統領が「ドルと金の交換停止」「10％の輸入課徴金実施」「賃金・物価の90日間凍結」を発表した。いわゆる「ニクソン・ショック」である。

先進諸国は為替レートを切り上げ、日本も従来1ドル３６０円だった為替レートを３０８円に切り上げた。切り上げの幅は日本が一番大きかったから、輸出産業に大きな影響が出るのではないかという見方が広まった。同年の実質経済成長率は４・３％と二桁を大きく割り込み、人々の間には不況感が蔓延した。

即席麺業界では、ニクソン・ショックの影響はそれほど大きくはないと見られていたが、既に需要自体が飽和状態に達していた。１９７０年の即席麺の生産は日本全体で36億食。これに対して翌年は36・５億食と５０００万食増にすぎない。前年比で言えば１０１％という低率だった。

このように成長が止まった即席麺業界にあって、サンヨー食品は１９７０年に１８０億円だった売り上げを翌年には２３０億円に伸ばした。実に30％近い成長率である。この売上高は日清食品を抜いて即席麺市場で業界ナンバーワン。サンヨー食品は68年、69年は業界3位、70年は明星食品を抜いて2位。そして71年、ついに頂点に上り詰めたのだ。

72年に発刊された「週刊ダイヤモンド」の特集「〈72年版〉日本の会社ベスト１０００」では、71年の申告所得による業種別ランキングが掲載されている。

サンヨー食品の申告所得は47億２３００万円で、食品業界で12位。即席麺業界でナンバーワンの座だった。サンヨー食品は日本企業全体でも１７９位にランクされた。売上高の伸張だけにとどまらず、経営状態も良好であることを示すものだった。

業界トップ。森田健太郎が創業10周年の記念旅行で「名経営者の下で天下を取る」と宣言してから、わずか8年。即席麺参入以前から毅の下で働いてきたごく少数の社員にとっては、とりわけ感無量の思いがあった。

だが、毅は1位の座にも淡々としていた。毅は72年年頭の挨拶でも決して高ぶることもなく、冷静に「一流企業の誇りを」と語った。

「昨46年はシェア50％獲得目標で全従業員よく頑張ってくれ、売上も30％増で完全に即席麺業界トップに躍進することができ大変嬉れしく感謝している。46年はドルショック等で日本経済界には大きな打撃があったが幸い当社にはその悪影響をこうむることがなく誠に結構であった。今年は相当不景気といわれるが、また大いに頑張れば売上３００億円突破はむずかしい問題と思えない。いよいよサンヨー食品も群馬のローカル企業より日本の企業へと飛躍したので、これからは更に日本食品工業界での一流企業に進出すべき覚悟が必要だ。われわれサンヨー食品の人間はおごりたかぶることなく、自分たちの努力で日本の一流企業になれるのだという誇りをもって仕事をする必要がある」（社内報「サンヨー」１９７2年1月25日号）

カップ麺の登場

「サッポロ一番塩らーめん」が発売と同時に市場を席巻した１９７1年9月、一つの画期的な商品が発売された。日清食品の「カップヌードル」。発泡スチロール製の容器に入った全く新しいタイプの即席麺だった。この発泡スチロール製の容器は包装、調理、食器を兼ね合わせ、熱湯を注いで３分待てば、食べられるという画期的な発明だった。

袋の即席麺が１個定価35円程度の時代に、その３倍ほどの１００円という定価で受け入れられるのか、当初は否定的な見方が多かったが、銀座の歩行者天国などで販売を行うと、やがて若者を中心に人気が出てきた。72年になると爆発的な人気を呼び、なんと１日１００万食ほどの生産量に達し、瞬く間に日清食品を代表するブランドとなった。

「カップヌードル」の出現は、業界にとっても革命と言っても良い大事件だった。いつでもどこでも食べられる。このコンセプトの即席麺は、停滞していた市場自体を再活性化させる役割も果たした。袋麺は家での調理が基本だが、カップ麺は外出先で食べられる手軽さがあった。袋麺の市場を侵食していくという側面はあったものの、袋麺の減少分を補い、さらには袋麺・カップ麺を合わせた即席麺市場を横ばいから再び上昇基調に転じさせていくのだ。

２年連続の首位

１９７１（昭和46）年にトップに躍り出たサンヨー食品。

このころ、黎明期に３大メーカーと言われた日清食品、明星食品、エースコックの目標は、「ストップ・ザ・サンヨー」だった。そんな中、日清食品の新商品「カップヌードル」は、革命的な商品でもあり、各社ともカップ麺の分野への参入を目指すことになる。カップ麺の生産は72年は１億食にすぎなかったが、参入メーカーが増えるにしたがい、73年４億食、74年７億食、75年11億食と急成長を遂げ、逆に袋麺は72年37億食、73年35億食、74年33億食、75年30億食と減少を続けていく。

「カップヌードル」が登場した当初はレジャー向け商品と思われていた向きもあり、まさか袋麺を凌駕してしまう時代が到来しようとは想像もしえなかった。

72年当時、ようやくサッポロ一番トリオ（しょうゆ・みそ・塩）を揃えることができた毅は、このトリオで全国制覇、シェア50％という大命題を掲げていた。実際、この年も毅の目論見通りサンヨー食品は快進撃を続けていく。前年に続き、2年連続の業界売上高首位を獲得した。

しかし「カップヌードル」が当初はレジャー食品的な位置づけだったものが、家庭の食卓でも食べられるようになった。こうなってくると、袋麺の市場をも侵食していくことになる。そして、73年、サンヨー食品は再び業界首位の座を日清食品に奪い返されてしまう。

「カップスター」の発売

1972（昭和47）年から翌年にかけてカップ麺に追随するメーカーが多くあった。もちろん、サンヨー食品でもカップ麺について検討を重ねた。当初は業界内でも「割高すぎて売れないだろう」という観測も流れていた。「追随するメーカー」というと、即席麺黎明期における特許紛争が想起されるが、この時はすでに日本即席食品工業協会という業界団体による環境整備が進んでいたため、各社は日清食品から特許の実施許諾を受けて、大きな混乱もなくカップ麺の分野に参入を果たしていった。

サンヨー食品としては業界トップに立ったばかりで、ようやくそろった「サッポロ一番トリオ」の強力なブランドをいっそう全国に推し進めていき、盤石な基盤の構築を優先したいという時期でもあった。

「サッポロ一番」シリーズが圧倒的に強いということもあって、まずはカップ麺の成り行きを眺めてからでも遅くはないという考えも毅にはあったはずだ。即席麺市場への参入自体が後発でも覆すことができたという自信もあった。

しかし、72年の1年間でカップ麺のブレークは決定的なものとなった。消費者だけでなく、問屋やスーパーといった流通関係者にとってもカップ麺は新たな商品として無視できないものとなっていった。

「袋麺であれだけおいしい商品を出しているサンヨー食品がなぜカップ麺を出さないのか」

こんな声が業界のあちらこちらでささやかれていた。サンヨー食品の営業も問屋やスーパーから、出さない理由を尋ねられることが少なくなかった。

こうした市場の要望を受けて、毅は袋麺専業から商品の多様化路線に舵を切る決心をした。まずは、市場の感触を確かめるため、試運転的に73年夏、「サッポロ一番スナック」を市場投入。その手応えをもとに、約1年半かけて商品を練り上げて、75年年明け、「サッポロ一番カップスター」を発売した。

容器は発売当時から紙カップを使用した。手に持ったときの熱さをやわらげるべく、紙カップはジャバラ状とした。紙容器は環境問題に早くから取り組んだ商品としても話題を呼んだ。

麺は高品質な小麦粉を用い、滑らかにして弾力に富んだ食感に出来上がった。さらに、香ばしくしょう油を練り込んだ。スープはしょう油味。各

1975年1月に発売された「サッポロ一番カップスターしょうゆ味」

種のエキスを吟味配合し、高濃度のうま味成分を多く含有したもの。具材にはポークダイス、エビや白身魚を素材にしたカマボコ、卵、輪切りのネギなど、多彩な具材を厳選した。

サンヨー食品が「カップスター」を発売したとき、すでに数十種類のカップ麺が市場に出回っていた。「ピヨピヨラーメン」を発売したときと同じく、完全に後発となっていた。

しかし、問屋やスーパーの中には「サッポロ一番の味を開発したサンヨー食品だから、カップ麺でも勝てる味ができるだろう」という期待も多くあった。

カップスターしょうゆ味の発表会
（左は井田信夫、右は女屋敏夫）

毅は、味、パッケージ、デザイン、価格、どれをとっても勝てる商品だという自信があった。あとはどうやって宣伝するか、だ。

毅を先頭にサンヨー食品の販促担当者たちは、過去5年間に放映されたテレビCMを片っ端からチェックしていき、参考にすべきものはコカ・コーラのCM路線だという結論に至った。「カップスター」に一流品というブランドイメージを付けるために。美味しいというイメージは当然であるが、コカ・コーラの持つフレッシュさや若さといったイメージ付けが必要なのだ。

当時のトップアイドルの1人、麻丘めぐみを起用し、さらにコカ・コーラのCMを撮ったカメラマンを探し出し、CMを完成させた。軽快なリズムと「カップスター　食べたその日から　味のとりこに　とりこになりました　はっふっほっ」というフレーズで有名なCMだ。昭和50年代

初頭のお茶の間で一世を風靡した。「カップスター」は現在でも全国で定番になっているロングセラーブランドに育っている

慎重さと大胆さ

毅が経営していた時代を知る部下たちは、毅の経営について「無駄は1円に至るまで切り詰め、ここぞというときにドーンと投資する。その決断力は誰も及ばない」と異口同音に話す。

多くの兄弟たちを抱え、酒屋の経営に注力していた時代に基本は形作られたのだろう。売り上げはどんどん伸びて北関東一と言われるまで事業を伸ばしたが、バーやキャバレーといった業者を顧客に多く抱え、夜逃げや倒産など売り掛けが未回収になることが頻繁にあった。そんな経験から、お金の大切さは身にしみて分かっている。富士製麺時代も顧客の数はどんどん増えるのに売り上げは増えないという構造不況的な業界の悲哀も味

サンヨー赤坂ビル

わった。

そんな中で、切り詰めて切り詰めて貯めた5000万円のうち、3000万円を投入して「ピヨピヨラーメン」のCMを打って、大胆な賭けに勝った。

そんな毅の慎重さと大胆さを絶妙なさじ加減で使い分ける経営方針は、大手メーカーの一角、そしてそのトップに上り詰めてもぶれることはなかった。

毅の事業投資にはルールがあり、それは投資額を全資金の3分の1までとするもの。ここまでなら、仮に失敗したとしても経営に大きな影響はない。しかも、それを無借金で行う。口で言うのは簡単だが、ほとんどの会社は無借金で事業投資を行うことはできない。毅は商品の品質には最大限こだわりを貫く一方で、円単位でコストをカットし、会社に余剰資金を生み出してきた。

1973（昭和48）年は、日本経済にとっても即席麺業界にとっても苦しい1年だった。71年ニクソンショック以来、1ドル＝308円の固定相場が維持されていたが、結局、それも難しくなり、この年2月に変動相場制に移行した。10月、第4次中東戦争をきっかけに原油価格が高騰し、オイルショックに見舞われた。オイルショックは狂乱物価を引き起こした。即席麺業界にもこれらの

東北工場

影響は波及し、製造原価の高騰、需要の減退、販売価格の低下が同時に発生し、収益を圧迫した。

こうした激しい環境変化の中、毅はあえて積極策を打ち出した。コストダウンを図るため4月には宮城県白石市に東北工場を完成させた。最新鋭の設備を備えた大型工場だ。さらに1975年1月には、愛知県大府市に名古屋工場を完成させている。これまで、群馬、埼玉、奈良、福岡に工場を有していたサンヨー食品だが、東北と中京は空白だった。しかし、営業拠点を進出させて以来、売り上げが上昇していたから、関東・関西・九州と同様に生販一体の生産拠点構築を目指したのだ。

1973年4月、組織の効率化を図るべく、製造・販売の分離に踏み切って、サンヨー食品販売を設立した。続いて8月には老朽化の目立ってきた本庄工場を新鋭工場にリニューアル。

さらに、東京都港区赤坂に鉄筋コンクリート地下1階、地上9階のサンヨー赤坂ビルを完成させ、営業の本拠地とした。

サンヨー赤坂ビルは、虎ノ門と赤坂見附のほぼ中間に位置し、永田町の官公庁、各国大使館にも近かった。まさに、政治、外交、文化の中心地に拠点を構えることができた。

名古屋工場

episode

逃げ場を残す怒り方

毅の部下たち、特に日常的に接していた管理職たちの中で毅の逆鱗に触れなかった者はいないだろう。妻の喜代子は、結婚当時、泉屋で部下たちに1日に20回も30回も「バカヤロー」を大声で叱咤する毅の姿を目の当たりにして、「とんでもない人と結婚してしまった」と思ったくらいだ。

1966年の入社以来、資材部を中心に毎日のように毅のすぐそばで仕事に携わっていた松本政明は回想する。

「怒られるときは、もうけちょんけちょんにやられました。でも、その怒り方は後になって、自分の行動を反省できるような語り口なんです。だから後まで引きずりません。例えば、私の判断でエビを仕入れ過ぎてしまって、大きな損失を出してしまったことがありました。もちろん、さんざん怒られる。でも、市場の流れだから不可抗力なのも分かっている。翌日には、『あの損失に相当する金額を銀座でお前と2人で飲んだら随分飲めるなあ』って言うんですよね。その場で完結して、もう翌日から気分を切り替えて全力投球できました」

毅からどんなに怒られても、それで辞めていった人間はいない。

第8章

父・文夫の死と社長就任

文夫社長の死

1975(昭和50)年1月。毅は45歳になっていた。この年、毅は絶対に失敗の許されない「サッポロ一番カップスター」の発売に注力していた。業界トップとなり、追われる立場となったサンヨー食品の投入するカップ麺には業界だけでなく、一般消費者からも注目が集まっていた。

「カップスター」はまずしょうゆ味から発売し、ラインアップを増やしていく計画で、そちらの商品開発も始まっていた。さらに、1月中に名古屋工場を完成させ、6月にはスープ製造の子会社・太平フーズを設立。そして8月には「カップスターみそ味」を出した。

9月には、1月に首都圏のみで発売を開始していた「カップスター」を九州で販売開始する。この九州での発売が、後に業界関係者の間で「九州戦争」と言われた闘いを引き起こした。

「カップスター」の九州発売とほぼ同時に他大手メーカーの新商品発売が重なった。サンヨーは九州大手の食品問屋と取引があったが、直前になって「カップスターは扱うことができない」と断られてしまう。同時期に他社から発売される新商品を優先したいというのだ。

大手の問屋だけにとどまらず、取引のあった約20ほどの問屋からも同様の申し出があった。新発売を前に九州支店長の恋塚晴三は困り果てた。事態を相談された毅、信夫は、「こんなやり方を認めるわけにはいかない。カップスターを扱わない問屋とは袋麺の取引もすべて断ることにしよう」と毅然とした態度を見せた。

そこで、信夫は1カ月間九州に泊まり込んで、その大手の問屋との袋麺を含めたすべての取引を断って、恋塚とともに不眠不休で問屋を1軒ずつ回っていくというローラー作戦で地道な営業

井田文夫社長の社葬

をやり尽くした。

　その結果、サンヨーに味方してくれるところも少なくなく、流通網の再構築を図り短期間で大手に任せていたときの約８割の売り上げを確保できるまでになった。

　そんな汗まみれの九州戦争が一段落した10月23日、サンヨーに協力してくれた問屋たちへの感謝を込めて「九州サンヨー会」を開催することとなった。そこに文夫社長が出席するため、福岡市を訪れた。前日の晩福岡入りした文夫社長は市内の「ホテル花屋」に宿泊した。翌朝、同宿していた恋塚と女中さんが起こしに行くと、布団の中で冷たくなって、既に亡くなっていた。脳卒中だった。74歳。

　予定していた「九州サンヨー会」は文夫の追悼会となった。九州戦争を経て残った約８割ほどの問屋の中には「弔い合戦だ。俺たちはサンヨー食品についていって頑張ろう」と発言する者もいた。もともと、文夫は地方への営業を大切にしていて、九州にやってくると数日間かけて朝から晩まで取引先を回った。「大企業の社長さんが訪問してくれた」というので、文夫は九州で人気があった。圧力に屈せずサンヨー食品に付いていく問屋が多かったのは、そんな文夫の人柄も奏功したのだろう。

大きな困難を経て、サンヨー食品と「九州サンヨー会」の絆はますます強まった。最前線で闘った恋塚にとっても「九州戦争」は、文夫社長の死とともに昨日のことのように鮮明な記憶として脳裏に焼き付いている。

「取引先との関係は盤石なものとなりました。40年を経て代替わりした今でも九州では『九州戦争』として語り継がれています」

翌24日、文夫の遺体は飛行機で羽田空港に到着し、陸路前橋まで運ばれ多数の社員が見守る中、悲しみの帰宅となった。

井田文夫社長の社葬で、壇上で挨拶を述べる毅

密葬を経て11月6日に群馬県民会館大ホールにて社葬を営んだ。3000人を上回る参会者、1200通もの弔電が集まる盛大な社葬となった。当時の石井繁丸前橋市長が葬儀委員長を務め、福田赳夫副総理（後の内閣総理大臣）や神田坤六群馬県知事らをはじめとする政財界の重鎮が弔辞を述べた。贈られた花輪が県民会館の前に1キロ以上も連なった。

なお、福田赳夫・元内閣総理大臣とは、毅の叔父にあたる元運輸大臣・木暮武太夫を通じて古くから親交があり、その後、福田康夫・元内閣総理大臣、福田達夫衆議院議員と３代にわたって、井田文夫・毅・純一郎（現・サンヨー食品社長）との交流が続いている。

毅と文夫の信頼関係

文夫と毅の父子は固い信頼関係で結ばれていた。開発や製造など社内のほとんどのことは専務の毅が目を光らせ、一方、文夫は主に営業を鼓舞する役目を務め、また、新商品の発表などは会社の顔として先頭に立った。そんな仕事をすでに70歳に近い文夫は生きがいにして、「毅のお陰で楽しい人生だ。ありがとう、ありがとう」と喜代子に口癖のように語っていたという。

サンヨー食品は、１９５３（昭和28）年の創業以来文夫が社長を務め、長男の毅が専務を務めてきた。即席麺業界への参入をはじめ、自社ブランドの発売も、数々の新商品の発売も、すべて専務の毅が決め実行してきたことだった。

文夫が高齢になっても毅は文夫に配慮して専務のままでいた。毅は文夫が亡くなるまで社長を続けてもらうことが最高の親孝行と考えており、文夫も毅の気持ちを理解して、最後までしっかりと社長業を全うした。

類いまれな毅の発想力や実行力がなければ、サンヨー食品は業界トップに上り詰めることはできなかったに違いない。これはまぎれもない事実だが、地道な営業を支えてきたのは文夫の功績に他ならない。何よりも誠実な人柄は、接する人々をことごとく引きつけた。

文夫の行動力

しかし、文夫の特長は人間性だけでなく、どんな小さなことでも自分の目で確かめて物事の本質を見極めることを信条としていた点にもあった。例えば、成田の三里塚や浅間山荘事件、四日市の公害問題、東大安田講堂事件など仕事の合間をぬって現地まで見学にいくほどの好奇心や行動力を備えていた。

そんな文夫社長だけに、その発する言葉は含蓄に富み、多くの人に感銘を与えた。当時の経済界ではよく知られた語録もあった。

「売れないのではなく
売らないのだ
儲からないのではなく
儲けないのである
できないのではなく
しないのである
踏まれても踏まれても
伸びる根性を作れ」

大宅壮一氏と対談する井田文夫社長

「学問は学問
実践は実践
バラバラでは駄目
洞察力というのは理論プラス経験
総合された勘
勤労と責任を重んじよ」
「城を守れ
自分を磨き抜く
そして磨きに磨いたその力が
社会公共の為十分に役立つ
そこにこそ生きがいが生まれる
自分の城は自分で守れ」

（『財界』１９８０年１月号）

サンヨー食品の社長に就任

１９７６（昭和51）年２月１日、前年10月に亡くなった文夫の後を継いで、井田毅はサンヨー食品の代表取締役社長に就任した。創業時の１９５３年から23年間続けてきた専務というポジ

富岡工場新築披露祝賀会で挨拶に立つ毅社長

ションからトップに立った。また、営業面の責任者として奔走してきた信夫が副社長となって、毅と共に会社を切り盛りしていくこととなった。

それまで、新商品の発表会やメディア取材などの表舞台は父の文夫に任せ、どちらかというと、毅は黒子に徹してきた。ものづくりのプロであり、普段は「菜っ葉服」をまとって、工場の中を回ったり、新商品の開発や宣伝展開に没頭したりという日々を送っていた。黒子として数々のブームをつくり出してきた。ある意味、注目が社長の文夫に集まっていたから、その陰で自由自在にヒット商品の開発に力を注ぐことができたという面もあるだろう。

だが、ものづくりにとどまらず、成功も失敗も停滞も急成長も知る毅は、23年間の専務時代を通じて、46歳という年齢以上の経験を積んでいた。生きてきたのは、戦国時代にも例えられる即席麺業界である。協調よりも競争に明け暮れていた。まさに闘いの日々であり、そこから戦国武将にも似た闘志や洞察力を身に付けてきた。そして、そうした知見を、力強く分かりやすいメッセージにして部下たちに発信する言葉の生かし方にも長けていた。社長就任に際して、戦国時代を例えにした、分かりやすいメッセージを社員に送った。

1976年４月富岡工場が完成

「私たちがこの即席麺の市場で勝ち抜くには、色々の条件が必要です。その第1は、良い城を持つことです。これは現代では工場設備があてはまります。２つ目は良い社員が必要です。どんな名城でも、守る武士が弱腰では駄目です。３つ目は優秀な指揮官が必要です。いかに社員が良くても、それを指揮する者がボンクラでは社員が右往左往するだけで、たまりません。４つ目は君主は聡明でなければなりません。５つ目は良い兵器です。これがなければ、戦には勝てません。昔、織田信長が天下を取ったのも鉄砲という当時では最新の武器を採用したからで、遅れをとった武田氏は滅亡しております。これは現代では良い製品です。全ては製品が勝敗を決します」

専務時代からすでに実質的な社長として会社を切り回してきた毅だけに、就任後も全く変わることなく、それまでと同様に開発にも関わった。第9章では、社長になってからの毅の開発にかけるこだわりを探っていこう。

episode

毅と家族

毅の家庭をまとめていたのが喜代子だった。喜代子自身も最初の即席麺の試作に奔走していた年に最初の子どもである長女の紀子が誕生した。次いで、「ピヨピヨラーメン」発売前夜の下請け時代、長男の純一郎が生まれた。次女の悦子が生まれたのは、「サッポロ一番」を世に送り出した翌年だった。

毅は仕事漬けのハードな日々を送り、日常生活や子育ては喜代子に任せきりな面もあったが、決して家庭を顧みなかったわけではなかった。家族サービスは欠かさず、会社経営が落ち着いてからは年に1度の海外旅行、冬のスキー旅行、夏の海水浴が井田家の恒例行事となっていた。家族みんなで食事に出かけることもしばしばだった。

地元富士重工のスバル360に家族5人が乗ってスキー場へ向かったときは、重さのあまり上り坂を車が上がって行かなくなってしまったこともあった。純一郎をはじめとする毅の子どもたちにとって、家族旅行は強い印象を伴う大切な思い出として今も胸の中にある。

子どもたちの教育については、毅はノータッチだった。毅は学歴主義ではないから、大学も行けるところにいけばいいだろうという主義だった。半面、喜代子が教育熱心であり、勉強をすることの意義を子どもたちに教え、常に机に向かうよう励ました。

長女紀子は、水上温泉郷で老舗旅館「奥利根館」を経営する國峰弘光に嫁いだ。長女をもうけたが、夫の弘光は病気のため若くして世を去った。

純一郎は前橋高校から立教大学に進み、卒業後は富士銀行に勤めていたが、30歳でサンヨー食品に移り、やがて毅の後を継ぐことになる。純一郎は飯沼励子と結婚し、長男をもうけた。

次女の悦子は大阪を本拠地とする製薬会社・上野製薬の後継者上野昌也と結婚し、長男をもうけた。

晩年の毅は３人の孫との交流を特に楽しみにしていた。

井田文夫社長社葬での集合写真
(前列左から５人目が毅、後ろに妻喜代子と長男純一郎)

第9章

物づくりのＤＮＡ

徹底的に突き詰める

福井良弘（現・サンヨー食品取締役）は1976（昭和51）年春新卒でサンヨー食品に入社した。その年の秋、すでに社長となっていた毅に呼び止められた。

「君は東北大学出身だったな」

突然に与えられたミッションは、「東北で売れる袋麺のしょう油ラーメンを試作しなさい」というのだった。

あまりのことに気が動転してしまった福井。入社して約半年、いまだ実習中で麺の作り方を習っているところで、スープに至っては全くもって無知も同然だった。急遽、上司の前野弘晴にスープの作り方を教えてもらって、あれやこれやと試作に取りかかった。

翌春、ようやく試作品が3品仕上がった。福井が毅に出す初めての試作品だ。福井はスープの味に用いるしょう油を生醤油風に仕上げ、さらにやや塩味を強めにして、粉末のシナチクパウダーを加えた。「全然だめじゃないか」と言われやしないかと、福井は毅の反応が気になって仕方ない。

「これは売れる、すぐに商品化しよう」

その言葉を聞いた瞬間、福井は目の前がクラクラする思いがした。福井は、すぐに商品化すべくブラッシュアップに取り組んだ。

「社長は試作品が出来上がると、その場でも食べますが、何食分かパックして自宅に持ち帰ります。そこで、素ラーメンに、野菜を刻んで一緒に煮込む、炒めた野菜を乗せるなど、いろいろな状況で試食しているんですね。だから、社内で試食した際に『これで決定だ』となっても、決して妥協はしないから自宅での試食によって考えは変化していくんですね」

このときも、最初「これは売れる、すぐに商品化しよう」と言った後、数日してブラッシュアップについて指示された。

「野菜を入れて煮込むと全然味が駄目。チャーシューやシナチクを上に乗せて食べるのは良いけれど、野菜を入れると水分で味が薄くなってしまう。だから、味をもう少し強くしなさい」

福井はスープの風味について試行錯誤を繰り返した。このとき開発したラーメンは東北で良く売れ、一定の成果を出すことができた。

「『本当にこれでいいのか、本当にこれで市場に出せるのか』と自問しながら、もっと徹底的に突き詰めなければと思いました。これが第一に社長から学んだことですね」

コストは二の次

毅のネギ好きは尋常ではない。そんな毅だけに、即席麺に初めて乾燥ネギを入れたのは毅だったし、その後もこだわってきた。

当時、即席麺業界でネギを使用する場合は、熱風で乾燥させるやり方が一般的だった。開発室は新しいカップ麺に入れるネギを熱風乾燥させると、ネギが縮れてしまい見た目が良くないというので、家庭で調理するようにネギを斜めに刻んでフリーズドライにしてみた。

「見た目が美しい」という毅の一言で、斜め切り&フリーズドライ製法が採用となった。ところが、コスト計算すると、従来の熱風乾燥の4~5倍かかってしまう。しかも、従来の機械では斜め切りできない。試作段階では手作業により包丁で切っていたのだ。

「社長のＯＫが出たのに再現できないではないか」と開発室は大騒ぎとなった。斜め切りについては、具材メーカーと共に研究した結果、機械を少し斜めにした状態で切るという方法でうまくいくことが分かって解決した。

もう一つの問題のコストについて、毅は熱風乾燥とフリーズドライを冷静に比較していた。フリーズドライは見た目は美しいがネギの香りが飛んでしまって残らない。

こと香りだけだったら熱風乾燥の刻みネギの方が良い。毅は見た目か香りかで迷っていたが、「他社がやらず見た目も良いフリーズドライのネギが良い」という毅の意見で決着した。このとき、コストについての毅の考えは明解だった。

「お客さんは、サンヨー食品が出すカップ麺ということで、袋麺以上の期待をして購入する。その期待を考えればコストアップは仕方がない。これで売りなさい。その分、数を多く売って挽回しなさい」

開発室でのスープの調合

カップ麺については、サンヨー食品は後発だった。この時代の毅は、カップ麺についてはとにかくユーザーの期待を裏切らないハイクオリティーを優先し、コストは二の次という考え方だった。その考え方は開発スタッフにも伝わり、共有していた。再び福井に語ってもらおう。

「とにかく高品質のカップ麺へのこだわりが強かったのです。良い物、良い物、良い物というこだわりですね。高くてまずいものなんて論外です。美味しければやるべきだという考えがあった。豚のエキス、鶏のエキスなどもスープに入れるわけですが、コストに合わないからと言って、量を減らしたりすると『美味しくなくては売れないんだから、美味しい物は高いのが当たり前』という社長の判断で商品をつくってきたのです。とはいえ、われわれもプロとして高コストに甘んじているわけにはいかないので、さまざまな工夫をして、できるだけ利益が出るように苦労しましたね」

スタッフに求める瞬発力

千葉県市原市にあったゴルフ場の買収時にはリニューアルオープンに向け、毅は足繁く現地に足を運んだ。最寄りの駅であるＪＲ内房線五井駅の近くにあるラーメン店で毅が食べた辛口ラーメンは絶品だったというのだ。

毅は千葉から戻るやいなや開発室にやって来て「すぐに食べてきなさい。商品化の参考にしよう」と指示した。しかし、開発室長以下、目の前の開発業務に追われ、千葉行きは先延ばしとなっていた。

翌週、開発室を訪れ、「食べてきたか」と毅。「来週行く予定です」と室長。そこで、毅の怒りが爆発した。

「なにやってるんだ。『行きなさい』と言われたら、その日のうちに行って食べて、泊まって帰ってくればいいだろう」

毅がスタッフに求めるのは瞬発力だった。サンヨー食品の社是は「迅速なる行動、熱心な販売」。他社より一歩先を行く機動力がサンヨー食品の持ち味だ。この件以降、開発スタッフの行動力が高まったことは言うまでもない。

試行錯誤の日々

開発室では、毅の「今日は何か新しいものを試せるか」という言葉に応えるべく、日々新たな試作品を作り上げるのが日課となっていた。「何か新しいものは?」と聞かれて、「何もありません」は許されない。開発室のスタッフたちは「社長を驚かせる」ような逸品を考案すべく、日々頭を悩ませていた。

試作のテーマはあらかじめ毅から指示される場合もあれば、開発スタッフ自らが手を変え品を変え、それこそありとあらゆる試作品を考案していくのだ。

福井をはじめ開発室のスタッフにとってみれば、試作品製作と試食会は戦場みたいなものだった。

「とにかく毎週社長に新しい試作品を提案しなければいけなかった。面白かったけれど、大変ですよね。『これいいね』と言われると、そこからいろいろ派生品を試作したり広げていけるんですけど、その場で『駄目だ』といわれると、次の週はまた全く別の物を考えなければいけない。思いついたら、もうどんどんやるしかありませんでした」

昭和50年代、発売前に大規模なモニター調査を行うようなことはなかった。前述したように毅が試食してOKを出した試作品は本社工場、名古屋工場、関西工場、九州工場などにサンプルを送って従業員に試食してもらった。その意見を集約してまた試作品を作り直すこともあって、商品化に半年は当たり前、場合によっては1年以上かかるケースもあった。

それだけ注力して開発して自信を持って市場に送り出した商品でも、各社から年間通して大量に新商品が投入されるようになるにつれ、1〜2年ほどの短命商品となるのがほとんどで、定番に成長できる商品はごく限られたものという状況が生まれていく。昭和から平成に移り変わるころが、一つのターニングポイントだった。その流れの真っただ中にいて開発を行ってきた1人が福井である。

「毅社長のこだわりが私たちにもDNAとして受け継がれています。自分たちは毎日試作したラーメンを食べている。それでも、市場に並んだとき、自分でお金を出してそのラーメンを買いたいと思うか。開発担当者自らが『スーパーに足を運んででも自分で買いたいなという商品を作れ』が毅社長の意志だと思っている。『これ自分で買いますか』と作った人間に聞いてみるの

開発室での試食

はいちばん確かです。自分で自問しなくてはいけない。家族や友人にも『これ買ってよ』と言えるか。やっぱり、開発の仕事を始めて新商品が出ると、友達にも送って『1年かけてつくった自信作だから、これ買ってね』と言えなければだめですよね」

鉄の胃袋

サンヨー食品の定番ブランドにして、長年にわたって日本の袋麺を代表する商品として親しまれてきた「サッポロ一番」シリーズは、毅の札幌食べ歩きから誕生した。即席麺の開発スタッフにとって、ラーメン店の食べ歩きは、不可欠な仕事である。

日常的に試作品を大量につくるには自分の中に引き出しがたくさんないとできない。引き出しを多く作るには日ごろの食べ歩きが重要なのは言うまでもない。

福井が入社した昭和50年代には年に何回も1週間ほどの食べ歩き旅行を行った。入社当時は1人で、やがて3人ほどのチームで出張するようになった。行き先は九州だったり、北海道だったり。

食べ歩きというと優雅な出張旅行のように思えるが、午前中早めにまず1軒行って、11時前後に2軒、午後2軒、4時前後に2軒、7時か8時に2軒、深夜に2軒。朝から夜中までラーメン漬けだ。ここまで徹底的にやると、もはや苦行の域だ。もちろん、福井も新人時代から食べ歩き出張を幾度となく繰り返してきた。

「上司から領収書の枚数で評価すると言われていましたし、1日10軒程度は当たり前です。食べ歩きで出張したときは、朝から晩までちゃんとしたご飯は食べませんでしたね。札幌は丼が大きく、麺の量が非常に多い。しかも口の中がやけどするくらいに油が１チセンくらい浮いている。すぐに次のお店に行かなくてはならないから、焦りましたね。食べやすいのは九州の方です。というのも替え玉付きで１人前当たりの麺の量は少ないから。ただ、博多の屋台などではお店がずらりと並んでいて、片っ端から食べなくてはならないので、それも大変でした」

洗剤の味

福井は開発室で働き始めてから、毅の舌の敏感さと同時に食品を扱うことの重要性に打ちのめされたことがあった。

ラーメンは油物だから、試食に用いた丼などの食器は、当然、洗剤で洗う。そういった作業を福井は、何の疑問も感じず女性社員に任せっきりにしていた。

いつものように５、６食のラーメン丼を並べて試食を始めた。一口食べた途端、毅の顔色が変わった。

「福井さん、食べてご覧なさい」

その言葉に嫌な予感を感じながら、慌てて福井はレンゲでスープをすくって口に含んでみた。

「すみません、洗剤の味がします」

その感覚は微妙なものだ。それでも、かすかに感じられる。女性社員の丼の洗い方が完全ではなく、洗剤が落ちきっていなかったのだ。それ以来、毅の発案で、開発室に配属された新入社員は、男女関係なく食器の洗い物を１週間続けさせることからスタートする。毅の考えは明確だった。

「洗い物が嫌だという人間は、もうその時点で食品の開発を行う資格がない。なぜ皿を洗うのか。いくら商品が完璧であっても、盛り付ける丼や具材などが中途半端であると、商品の良さが半減してしてしまう。たとえ、試食であっても全てが完璧であるべきだ」

袋物の試食時には、刻んだネギを用意する。ネギは毅の大好物でもあるが、皿に盛られたネギから好きな量をとって丼に入れて、毅が試食する。刻みネギが完全に切れていなくて、つながったままになっていることが年に何度かあった。

食品メーカーなのだから、野菜の切り方一つ一つに至るまで徹底しようという毅の考え方を受けて、開発室ではネギやキャベツ、ハクサイなど種類毎に切る幅、長さ、丼に入れる量などの規格を細かく作って、新入社員に教え込んだ。新入社員は洗い物とともに、包丁研ぎ、タマネギ刻みを体で覚え込んだ。

「タマネギを刻んで涙が出るようじゃ、包丁の研ぎ方が甘い」というのが毅の持論だった。そうやって、包丁を研ぐ意味を教え込んでいく。

こうした洗い物や包丁を研ぐというのは、食品を扱う者にとっては常識的なことなのだが、大学を卒業したばかりの社員にはなかなか分からない。だから、まずは細やかさを体感させるところから始めたのだ。

味覚の鍛錬

開発室の新入社員はいろいろな研修を経験するが、ラーメンに合うスープを先入観なく探求させる姿勢を学ばせるために、液体物を片っ端から買ってきて、それを鍋で沸騰させたところでラーメンを投入して順番に試食していくというものがあった。

液体物というのは、日本酒やワイン、コーンポタージュ、トマトジュース、牛乳、焼酎など、ありとあらゆるものを含む。この体験はある種のカルチャーショックであり、意外なものがラーメンに実は合うことが分かるのだ。ラーメンの奥行きの広さを知る場ともなる。

そういった先入観によらない味覚経験は、開発の現場で生きてくる。例えば、前掲したように「ワインとラーメンの組み合わせなんて？」と思うのが常識だが、実際に札幌ラーメンではフライパンで挽肉を炒めてワインをかけてアルコールを飛ばした状態にしてラーメンにかけるという技法がある。これが、えもいわれぬ美味しさだ。

福井と毅は、これを高級即席ラーメンとして再現しようとしたことがあった。しかし、これではもちろん子どもは食べられないし、何よりも酒税法で引っかかってしまう。そこで、フレーバーだけ残してアルコール濃度を1％以下にアレンジするというわけだ。当時はそういう技術はなかったが、香りを残すような工夫はできた。そんな具合に、多様な味覚経験が引き出しとなって開発に役立ってくるのだ。

「良い麺を作れ！」

毅は、激情家であり冷静なリアリスト、クリエーティブな感性の持ち主であり経理にも強い経営者、大胆さと緻密さ、等々二律背反の宝庫のような、一般人の常識とは外れたところを持っていた。

最高の商品を目指すという開発コンセプトにしても、必ずしも最初の試作品からそのレベルに到達できるわけではなく、毅のお眼鏡にかなわないときは、開発担当者の能力不足という判断を下されてしまう。そこでうなだれたまま立ち上がれなければ、そこまでの人材だし、見返そうとさらに研鑽を積んだ者だけが、サンヨー食品のものづくりを受け継いでいけるのだ。

開発だけではない。製造工程の整備には人一倍力を入れた。品質の善し悪しは工場とその人材次第だ。食品をつくり出す工場だけに、衛生面は完璧でなければならない。だから、まず最低限のこととして工場内には完璧な清掃を求めた。それが人材育成の第一歩である。

あるとき、菜っ葉服をまとった毅が工場につかづかと入ってきて、黒板に殴り書きしたことを前野は記憶している。

「良い麺を作れ!」

そして、工場長の森田を呼んで、一喝した。

「いいか森田、これが製造部への至上命令だ。工場長は目を見開いて現場をまわれ! 森田、窓を見てみろ。ちゃんと磨いているのか。完璧にきれいにするんだ!」

このときから、半世紀近くの時間が過ぎた。「良い麺を作れ!」は、いまでも製造部のスロー

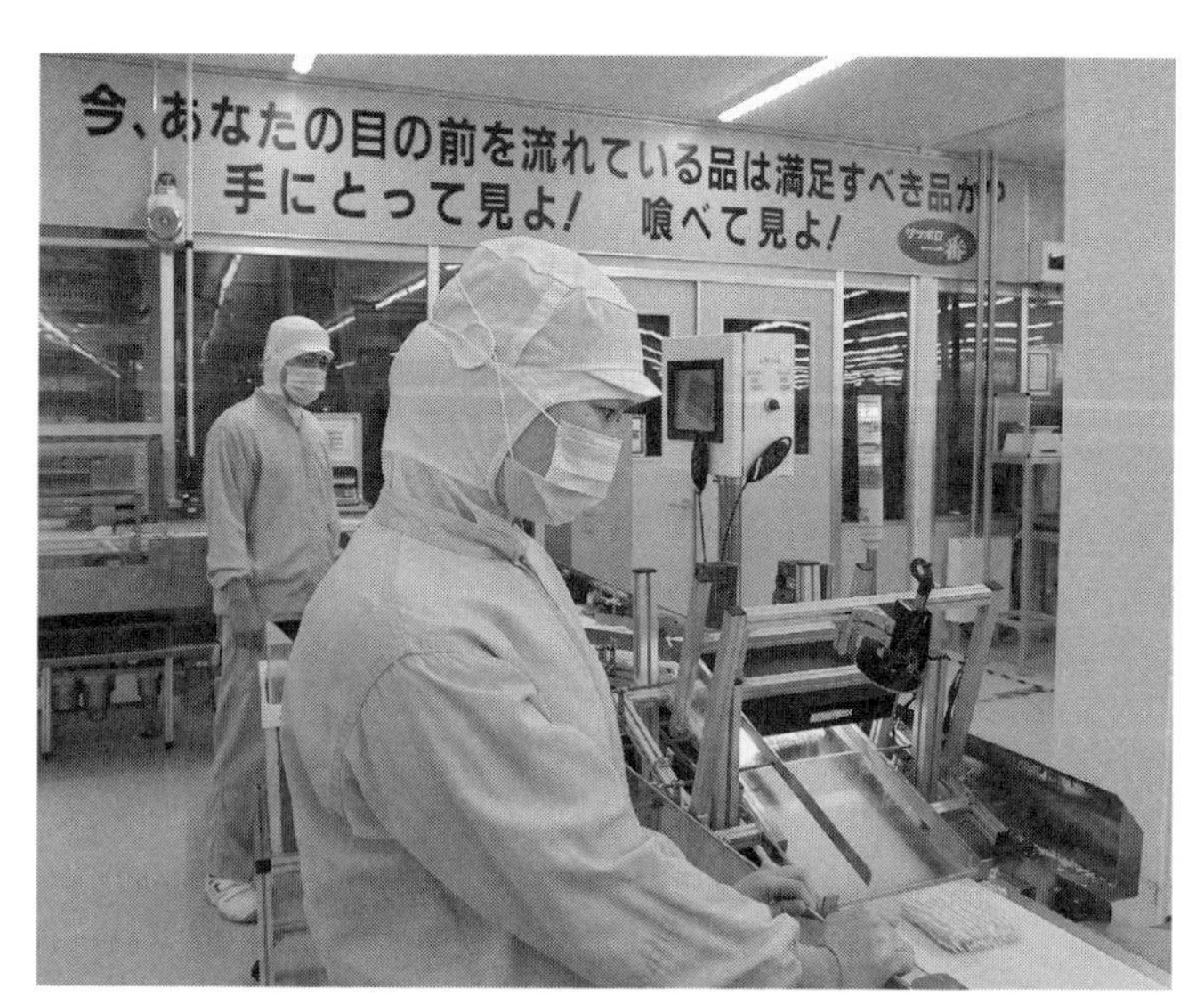

工場内に張られたスローガン

ガンだ。

　毅が工場のために作ったスローガンはもう一つある。「今、あなたの目の前を流れている品は満足すべき品か？　手にとって見よ！　喰べて見よ！」である。「良い麺を作れ！」ともども、サンヨー食品の全ての工場内に張られている。現在、取締役製造本部長を務める佐藤芳明をはじめ、そこで働く者は常に毅の薫陶を受け、日々細心の注意を払って即席麺づくりに没頭している。

episode

ネギ好きが生んだアイデア

毅はとにかく長ネギを好み愛した。だが、母のきくが長ネギ嫌いだったことから、きくの存命中は井田家の食卓にネギがのることはなかった。

好きだった長ネギを長年にわたって自由に食せなかったことから、いっそう毅の長ネギ好きに拍車がかかったのであろうか。毅は、例えば即席ラーメンを食べるときなど、大量に刻んだ長ネギを丼に投入する。後年、開発室では毅の試食時を想定して長ネギを常に用意していたほどだ。

当時、前橋駅には立ち食いそばのお店があり、毅は昼食によく利用していた。立ち食いソバのお店では、刻みネギを自由に入れることができるようになっているから、毅は丼に麺が見えなくなってしまうくらいに大量投入する。お店とすれば、コスト高の困ったお客だ。

そんなわけだから、歩いて来る毅の姿を発見すると、店員は刻みネギを入れたケースを毅に見つからないように隠してしまった。この話は、当時からサンヨー食品に在籍した社員の多くが知る有名な笑い話として伝えられる。

そんな毅だけに、「サッポロ一番」に業界初となる乾燥ネギを入れるというアイデアはごく自然なものだった。

第10章

海外へ進出

北米に現地法人

即席麺の海外進出の歴史は古い。1960（昭和35）年には早くも輸出が始まっている。輸出は順調に伸び、69年には1億4千万食だ。この年の総生産食数が35億食。総需要の4％は輸出に回されていた計算になるから、決して無視できない需要が海外にあった。しかし、即席麺の輸出はこの年がピークである。70年代に入ると、即席麺大手の中には海外での現地生産に着手する企業が現れたからだ。

現地生産の歴史をさかのぼれば63年、明星食品が韓国の三養食品工業と技術提携して製造を開始した。韓国の即席麺の歴史はここが端緒となった。

日清食品は70年に米国カリフォルニア州に現地法人「ニッシンフーズCO・INC」を設立した。

また東洋水産は72年、同じく米国カリフォルニア州に現地法人「MARUCHAN・INC」を設立し、北米・メキシコへ向けて生産・販売を開始した。

一方、サンヨー食品は「長崎タンメン」を発売した翌65年には早くも北米や東南アジア、欧州などに輸出を始めた。需要は、主として現地の日本人や日本人船員だった。現地生産では、日清食品や東洋水産など先行する他社に遅れを取ったが、毅は着実に海外進出を考えていた。

前述したように、サンヨー食品の「サンヨー」は「三洋」で、太平洋、大西洋、インド洋を股にかける国際的な企業に成長させたいという思いを込めたものだ。機が熟せば、いつか海外へ飛び出したいという思いは常に胸に秘めていた。このころ、毅は社内報などで「世界のサンヨーになり

1978年に完成した米国サンヨー食品

たい」とたびたび表明している。

当時、サンヨー食品は日清食品と売り上げトップ争いを繰り広げ、70年代前半は首位を走っていた。カップ麺では日清食品に後れを取ったものの、「サッポロ一番」のブランドは袋麺市場では圧倒的に強かった。しかし、日本の即席麺市場自体が低成長の時代に入り、激しい競争はシェアの食い合いとなり、完全に頭打ち状態となっていた。それだけに海外市場への着目は当然の成り行きでもあった。

サンヨー食品の北米への輸出は年々伸びていた。現地に住んでいる日本人など東洋人が主要購買層だった。また、売り上げは伸びているが円高基調にあり、輸出のうま味が減少しつつあった。こうした状況を考え、毅は輸出から現地生産に切り替えても十分に採算が取れるだろうと判断して北米進出を決意した。このころ、アメリカの人口は2億4千万人。日本の倍だ。すべてのアメリカ人の嗜好に即席麺が合うかどうかは未知数だが、巨大な市場には違いない。

1978年2月、サンヨー食品が100％出資してカリフォルニア州ガーデングローブ市の工業団地に米国サンヨー食品を設立し、毅が社長に就いた。ガーデングローブはロサンゼルスから80キロほど南にある。同年10月工場建設に着手し、翌年9月末に完成した。約1万坪の敷地に、建物正面がガラス張りで他の三方は白塗りの無窓工場。工業団地の中でも一際美しい建物と称された。

食文化の壁

初めての現地生産において、何よりも重要なのは製品のクオリティーである。製品開発を託されたのは開発室の前野弘晴だった。

製品は現地生産であり、素材もすべて現地で調達するのが基本方針だ。

米国での操業開始に向け、前野はアメリカから小麦粉や油を取り寄せ麺の試作に取りかかった。前野は「まずまず」と判断した試作品ができたところで、毅を交えて試食を行った。ところが、試作してすぐに食べたときは良かったが、ある程度時間が経ってから食してみると、味が変わっている。麺の味が経時変化しているのだ。

「最初に食べた時と、味が違うじゃないか」

毅は厳しい態度で前野に再考を促した。

なぜ、味が変わってしまったのか。かつて、アメリカでは日本と違い、小麦粉にビタミンなどのミネラル類を強化するエンリッチ処理を施していたのが原因だった。そのため、時間が経つと、ビタミン臭が漂ってきてしまうのだ。

「このままでは失敗する」と考えた毅は、前野に「試作品づくりの前に、アメリカの食習慣を綿密に調べなさい」と命じた。

前野は開発室のスタッフと2人でアメリカに飛び白人の一般家庭に2週間ほど滞在させてもらい、食習慣を観察した。子どものいるサラリーマン家庭である。そこで、朝昼晩の食事を共にさせてもらった。

袋麺の「サッポロ一番」を持ち込んで、「こういうラーメンを食べますか」と聞いてみると「食べたい」という。前野が台所を借りて調理したラーメンをテーブルに置くと、いつまで経っても食べようとしない。20分ほど経ってから、ようやく食べ始めた。彼らは、ラーメンが冷めるのを待っていたのだ。白人たちは汁物であっても音を立てて食べるのはタブーだと考える文化だから、熱いままではなく冷まして食べる。いくら良質の麺であっても、20分も冷ませば伸びてしまう。汁物の麺類は、音を立てながら食べるのが日本の常識だ。だからこそ、美味しい。ところが、食文化が根底から異なる欧米では麺類であれ音を立てるのはタブーとされている。

「麺質以前の問題で、欧米人向けのマーケットは難しい」と前野は考えた。とはいえ、輸出量自体成長している現状から考えて、現地の東洋人を中心に「サッポロ一番」への需要は一定量は見込める。日本と同じ「サッポロ一番」を製造するにせよ、小麦粉の問題をクリアしなければならないことに変わりはない。

日本では、小麦粉はパン用粉、うどん粉をはじめ用途に応じて、いろいろな種類がある。アメリカは種類が少ない。パンでも麺でも小麦粉は小麦粉。日本のようにきめ細やかな食文化はない。

また、エンリッチ処理は州法で義務づけられている場合が多く、どうしようもなかった。それでも、全米で最良質とされる小麦粉をブレンドして用いることで、良質な麺ができた。

もう一つの問題は麺を揚げる油。当初はラードを使おうとしたが、アメリカのラードは製造工程で脱臭しないから若干の臭いがする。日本では何よりもきめ細やかな製品でなければ生き残れないから、ラードにしても脱臭は当たり前だが、アメリカは細かいことは気にしない。仕方なく、前野はラードの使用を諦め、植物油に切り替えることで解決した。

1979年10月、現地生産「サッポロ一番」第1号の生産が始まった。当初は日産6〜7万食、翌80年になると日産12万食の生産ができるようになった。

高価格品で勝負

アメリカにおける即席麺市場は日清食品と東洋水産がシェア争いを先導したが、その販路は大手スーパーのスープコーナーで主に白人や南米系を対象にしていた。結果、価格は安く設定されていた。

こうした中、毅はアジア人を対象としたオリエンタルマーケットをターゲットとした商品展開での営業を決断した。

1979（昭和54）年以来、米国サンヨーが市場に投入したのは、袋麺である。「SAPPORO　ICHIBAN」のブランドで、オリジナル（しょうゆ味）、みそ、チキン、ビーフ、シュリンプ、焼きそば、きつねうどんなど10品目を販売していた。

1990年代の初頭において米国では年間12億食程度の需要があった。サンヨー食品はパッケージに「JAPAN'S No.1 SELLING BRAND」と入れ、価格を高く設定した。現地の営業からは他社と競い合えるような価格設定にしてほしいという要望が出てくることもあったが、毅は価格を見直すことは決して行わなかった。

　毅の戦略は功を奏し、サッポロ一番は米国におけるシェア争いには参加できなかったが、米国事業は一貫して黒字をたたき出すことに成功した。米国におけるオリエンタルマーケット、カナダ、ハワイなどで価格に関係なく「サッポロ一番」を愛してくれる固定ファンを獲得することができたのだ。

　また、米国における即席麺のもう一つの特徴は、その食べ方である。米国人は袋麺であれカップ麺であれ、電子レンジを利用する。袋麺は丼に即席麺と水を入れ、電子レンジで温めて食べるのだ。だから、当然、味は二の次になる。

米国サンヨー食品が製造する袋麺

　これに対して、「ＳＡＰＰＯＲＯ　ＩＣＨＩＢＡＮ」には調理法として「茹でる」ことを明記した。米国市場における一般的な即席麺とは、極論すれば別物、あるいは別のリーグに所属する商品として販売した。価格競争に加わらないで味が勝負のポイントである以上、調理法も美味しさを最適に実現できるものでなければ真価を発揮できない。結果として、調理の面倒を厭わない本当のファンだけが残ったのだ。

　１９９０年になると毅はカップ麺の米国市場への投入を意図し、日本で開発を行い、ロサンゼルス近郊でテストセールを行って準備を進めた。

　そして、１９９２年、ようやく現地生産にこぎ着けることが

米国サンヨー食品が製造するカップ麺

できた。オリジナル・フレーバー（しょうゆ味）、チキンフレーバー、ビーフフレーバー、シュリンプフレーバーの4品目だ。カップの形状は、日本のものとは少し異なっている。帯状のカートンスリーブをカップの上に巻いているのが大きな特徴で、アメリカで販売されるカップ麺はサンヨー食品に限らず、この形状が一般的だった。

現在、アメリカ進出から37年が経過している。進出から3年を経た１９８２年から一貫して黒字を出し続けてきた。赤字事業を見切ることでは日本でもトップクラスの迅速さを誇る毅が事業を継続してきたことからもうかがえるように、サンヨーの米国事業はシェア第一主義からブランドイメージの確立に重点を置いたことで、困難な市場にもかかわらず一定の成功を収めたと言えるだろう。

そして、近年、この米国市場にある変化が起きている。日本食ブームが上流層のみならず一般庶民にまで普及し、一貫して「ＪＡＰＡＮ'Ｓ ＮＯ・１ ＳＥＬＬＩＮＧ ＢＲＡＮＤ」として売ってきたことが奏功し、クオリティーの高い日本のラーメンという評価を受け、「ＳＡＰＰＯＲＯ ＩＣＩＢＡＮ」が白人市場に浸透し始めているというのだ。

まさに毅の信念が30年以上の年月を経て結実した結果だ。

この米国における細く長い成功を基盤に、毅は１９９０年代になるとさらに次のステップ、人口13億人という巨大市場を持つ中国への進出を考え始める。

技術供与が大成功

米国サンヨー食品の設立と相前後して、海外企業への技術供与も行った。日本企業の持つ即席麺の技術を海外企業に教え、その見返りに日本企業は契約に基づくロイヤルティーを受け取る。この形式による海外進出は、大手メーカーの各社が行ってきた。

この時期、サンヨー食品が技術供与で提携した海外企業は2社。1つは、イギリス・ケロッグ社。ケロッグ社は米国のバトルクリークに本社のある世界最大のコーンフレーク製造販売企業である。

ケロッグの本拠地の米国ではなく、イギリス・ケロッグと技術供与契約を1978（昭和53）年1月に締結した。英ケロッグはサンヨー食品の技術によって「SUPER　NOODLES」のネーミングで即席麺を売り出した。技術供与は10年間の契約である。英ケロッグ社の即席麺はその後、英国No.1の即席麺ブランドに成長している。

1981年には、インドネシアにあるサリミ・ア

サリミ社からの研修社員（1981年）

スリ・ジャヤ社に対して5年間の技術援助契約を結んだ。サリミ・アスリ・ジャヤ社はジャカルタに日産150万食の工場を建設し、操業を開始。工場のレイアウトからはじまって、工場への研修生の受け入れ、製品の開発・生産まで一貫してサンヨー食品が技術を指導した。

サリミ・アスリ・ジャヤ社は「純粋な麺」を意味する「サリ・ミー」というネーミングで商品を発売し、現在に至るまでこの商品の発売を続けている。現在はインドネシア最大の即席麺企業インドフードである。このようにサンヨー食品が技術供与した2社は共にNo.1ブランドに育っている。サンヨー食品の技術力の高さを物語っている。

episode

ライバル企業トップとの親交関係

サンヨー食品は、後発でもあり、激烈な業界内競争に遅れて参入し競争に明け暮れてきたが、ライバル企業トップと毅は極めて親密かつ友好的な関係にあった。

まず、日清食品創業者・安藤百福との親交に触れなくてはならない。日清食品とサンヨー食品は永遠のライバルではあるが、毅は安藤を心から尊敬していた。即席麺市場を作り上げた上に、業界の健全な発展のために業界団体を率先して立ち上げたのは安藤であった。毅は、業界の名実ともにリーダーとしての安藤に敬意を表しているからこそ、黎明期に安藤が設立した業界団体に積極的に参画した。また、後に安藤に続く二代目の日本即席食品工業協会・理事長職を引き受けた。

毅は、のちに、「安藤さんには大変お世話になったし、安藤さんはとても器量の大きい人でした」と述懐している。安藤は2007年1月5日に96歳で逝去した。

即席麺業界のもう一人の雄、東洋水産の創業者・森和夫も、毅が親交を深めていたライバル企業トップの一人。森は、1916年生まれで戦争を経験している。中国での過酷な戦いに参加して帰国、苦労して東洋水産を立ち上げて、日本有数の食品会社に育て上げた。毅は、森が2011年7月14日に95歳で亡くなるまで長きにわたって公私ともに深い信頼関係を続けていた。

また、北関東の即席麺企業創業者とも、北関東即席ラーメン工業協会設立を通じて親しい関係であった。ヤマダイ創業者・大久保周三郎、まるか食品創業者・丸橋嘉蔵、大黒食品工業創業者・竹村弘の3人と毅との交流は、今ではそれぞれの後継者大久保慶一、丸橋嘉一、竹村修と井田純一郎（現・サンヨー食品社長）との関係につながっている。

創業時の工場風景（油絵F20号）井田毅作

即席ラーメンの製造に進出すべくそれまでの乾麺工場を改造し、社名もサンヨー食品と改称致しましたころの工場風景です。

200名の従業員で昼夜２交替制、ときには３交替の24時間操業まで致し、毎日が戦場のような有様もなつかしき想い出となっております。

文・井田毅（画文集より）

第11章

激変する業界

最先端の新本社・工場

毅が社長に就任して7年経った1983（昭和58）年、サンヨー食品は創立30周年を迎えた。常に最高品質の商品づくりを志向する毅は、1964年に建設した片貝工場から本拠地となる新工場の建設を決断した。新工場の建設は、30周年記念の一大事業となった。

毅の母きくは日本画を得意としていた。母の遺伝子を受け継いだ毅もまた幼少期から絵を描くことが好きで、少年時代の夢は建築家だった。

そんな毅だけに、最初に建設した前橋市文京町にあった工場や前橋市西片貝町の工場などは自分でラフスケッチを描いた。前橋市南部の朝倉工業団地内に広大な敷地を確保した新本社・工場についても大枠は毅の考えたプラン、ラフスケッチが基となっている。この部分だけは、製造部門の責任者を続けていた森田も関与できない、毅の専権事項であった。

新本社・工場は、83年7月中に本社工場、本社事務所、開発室、太平フーズなどすべての工事を竣工し、9月に竣

1983年に完成した本社事務所。美しい植栽は毅の設計

工式、さらに翌月には群馬での国体で来県された高松宮殿下を工場にお迎えした。

工場の概要について見てみよう。10万平方メートルの敷地に1万4000平方メートルの麺工場（本社工場）と8000平方メートルのスープ工場（太平フーズ）、2600平方メートルの本社事務所と2100平方メートルの開発室からなる。もちろん、導入される設備は最新鋭のもので、スケール・内容ともに即席麺業界の王者に相応しい工場だ。生産能力は即席麺が日産80万食、スープが粉末、液体合わせて550万食を誇る。これまでと同様に、投資金額の55億円を無借金で投入したことは言うまでもない。

エースコックを傘下に

1964（昭和39）年ころ、350社と言われた業者数は急速に淘汰が進み、即席麺業界は1960年代の終わりごろから、大手メーカー5社（日清食品・サンヨー食品・明星食品・東洋水産・エースコック）の寡占状態が確立し、1980年代前半ころには、下請け専業も含めて数十社程度に絞られていた。

大手の中でもそのポジションには格差ができ、昭和30年代には日清食品、明星食品、エースコックが先行して3大メーカーとなっていた。後発組のサンヨー食品と東洋水産が追い上げ、昭和50年代には日清食品、サンヨー食品、東洋水産の上位組とエースコック、明星食品との間にはシェアの差が開きつつあった。

即席麺市場自体が飽和状態に近く低成長時代に突入していたから、競争は激しかった。こうした状況の中、黎明期からの名門企業であるエースコックは経営不振に陥っていた。不動産事業の

THE JOMO SHIMBUN　昭和56年（1981年）7月18日　（土曜日）

即席めんのサンヨー食品

エースコックを〝吸収〟

一躍、業界トップへ

売り上げ一千億円台に

即席めんの大手、サンヨー食品（事業本部・前橋、井田毅社長）は、十七日同業界のエースコック（本社・大阪、村岡慶二社長）と提携することが正式に決まった。これは経営不振のエースが同社に救済を求めたことによるもので、形は生産・業務提携というものの、実質は従業員ぐるみの吸収である。同社は現在、同業界で日清と雌雄を争っているが、これによって業界首位になるのは確実とみられる。

エースコックを〝吸収〟するサンヨー食品の本社工場

カップ類の拡大図る

両社の提携の骨子は①サンヨーがエースの発行済み株式の六〇㌫を取得する②エースの社長は現村岡氏がそのまま就くが、サンヨーから専務取締役を派遣する③エースの大阪本社工場の売却をはじめ、社員寮を改造、マンションにして処分する④エースコックの商標はそのまま残すーなど。

エースの資本金は一億八千万円だが、資産、商標権などを評価して額面で十倍、その六〇㌫の十億八千万円をサンヨーが取得するもの。また、派遣専務はサンヨー大阪駐在の西部担当常務、村井彰氏をあてることになっている。

エースはカップめんで業界第四位。前十二月期決算によると、売上高が百八十億円、一億円程度の利益も出ているというが、利益の方は操作によるもの。大和銀行をメーンに借入金はざっと三十億円になりそうだ。このため金利負担にあえぎ、財務体質の思い切った改善が求められていた。

エースの体質の悪さは子会社であるエース食品の不振、ゴルフ場用地の取得などで足をひっぱられた。

サンヨーの副社長、井田信夫氏によると、こんどの提携にあたり、エースの大阪工場の売却で約十五億円、また、大阪と京都の間にある社員寮は好立地のため、先行きマンションに改造して売却するなどして、エースの借入金の三分の二を返済、さらに業務のようすによってはエースの川越工場も処分する見込みだという。

つまり、資産処分で無借金として、身軽になってエースの再建をはかるものだ。

サンヨーがこの提携に踏み切ったのは①エースが本業の即席めんだけに限れば必ずしも業務内容は悪くない②〝エースコック〟のブランドが海外戦略のうえでプラスに働くと見ていること③カップめんで日清に水を開けられているため、カップで健闘しているエースを抱えることで、この分野のシェア拡大をはかれるーなどを見込んだことから。

また、エース商品はそのまま継続して生産、販売網も両社ともルートが確立されているので、混乱を避けるためにもそのままの体制を維持するという。

サンヨーの前三月期売上高は九百八十六億一千万円（前年比六・六㌫増）だが、利益は七十七億六千八百万円（前年比三㌫減）。順調に増益カーブを描いてきたが、久々の減益である。しかし、この実質、買収によってサンヨーは総合で一千億の大台をはるかに超える業界最大手にのしあがるのは必至で、これまで首位を自認していた日清への衝撃は大きい。

ただ、今回の提携で、即席めん業界が直ちに〝再編〟に動く、とみる要素はないとみられる。

「エースコック」との提携を報じる新聞（上毛新聞、1981年７月）

失敗などのため借入金がふくらんでいた。新たに他社の資本を注入できるか否かが、企業存続の鍵という状況だった。エースコックは大手商社に支援を求めたが、創業者一族である村岡家の総退陣が支援の条件とされ、暗礁に乗り上げた。

創業者である村岡慶二社長とすれば、即席麺業界黎明期から手塩にかけて育て上げてきた会社を簡単に手放せはしない。だから、経営権を返上しなければならない大手商社との提携に踏み切ることはできない。とはいえ、資本注入できなければ座して死を待つのみ。

困り果てた村岡社長が頼ったのが、井田毅だった。事情を聞いた毅は、村岡社長に支援を約束した。

毅の判断は、「資金支援をしましょう。そして経営は引き続き村岡社長に任せます」というものであり、エースコックにしてみれば、願ったり叶ったりだった。毅がそう考えた理由は明解だった。

「エースコックというのは村岡さんがつくった会社ですし、村岡さんがいるからこそ社員も頑張っているのです。サンヨー食品が資本を入れたからといって、サンヨー食品が経営をしたら、エースコックの社員はやる気を失うでしょう。ですから、支援はしますが、村岡さんが社長を続けて下さい」

こうして、1981（昭和56）年7月、サンヨー食品とエースコックの提携が成立した。サンヨー食品がエースコックの発行済み株式の約6割を所有し、取締役も派遣するが、社長は村岡慶二のままだ。「お金は出すが、経営は任せる」という毅のやり方は単なる義理と人情のなせる技ではない。「お金は出すが、経営は任せる」ほうが、経営自体がうまくいくという理念が根底にある。

両者を合わせた市場シェアは25％となり、食品業界を賑わせた大型提携となった。エースコックはカップ麺に強く、しかも関西が基盤。サンヨー食品の弱点を補う提携でもあった。サンヨー食品のカップ麺のシェアは、エースコックと合わせて12％となった。

経営を任された村岡社長とエースコックの社員たちは、資金面の不安から解消され、新商品の開発にじっくりと取り組むことができた。その結果、提携から2年後に「わかめラーメン」という商品を市場に投入すると、これが大ヒットとなって息を吹き返した。さらに続けて「スーパーカップ」「いか焼きそば」「スープはるさめ」などのヒット商品を連発。赤字体質を脱却し、経営を軌道に乗せることに成功した。

また、１９７５年丸紅からサンヨー食品に入社し、81年エースコックの代表取締役副社長に就任した村井彰、そして１９６５年サンヨー食品入社で98年に同じく代表取締役副社長となった大森博の二人も経営再建に大きく貢献した。

新商品の短命化

１９５８（昭和33）年に第1号が世の中に登場してから急速な発展を遂げた即席麺業界。第３の国民食と言われるまでに普及したが、登場から約10年が経過した１９６０年代の終わりごろには早くも低成長化しつつあった。各社が激しいシェア争いを繰り広げる中、日清食品が開発したカップ麺によって、即席麺業界は新たな展開を迎えた。カップ麺の生産数量が増加するのと対照的に袋麺の生産数量は１９７２年の37億食をピークに減少していった。１９７０年代を通して、袋麺とカップ麺を合わせた生産数量はほぼ40億食程度で横ばいを続けていた。

1980年代の日本は、「ジャパン・アズ・ナンバー・ワン」と称えられる繁栄を謳歌していた。即席麺は高度経済成長下の食生活のシンボルのように登場しその生産数量を増やしてきた。しかし、高度経済成長の終焉とともに高成長は止まっていた。1億総中流社会を実現させた80年代になると、即席麺の需要は安定成長を続けていた。80年に約42億食（袋麺27億食・カップ麺15億食）だった生産数量は、昭和の最後となる88年には約45億食（袋麺23億食、カップ麺22億食）と、低成長ではあるが、確実に生産量は増えている。

ところが、高度経済成長が終焉を告げ、80年代に入るころから、豊かになった中流層たちによる消費は大量生産大量消費から細分化した多品種少量生産へと変貌していった。食で言えば個食化や高級化が進んでいく。即席麺業界では、圧倒的な支持を集める大ヒットや新たなる超ロングヒットは生まれがたい状況となる。商品の多様化がとことん進み、さまざまな短いブームが次から次へと起こっては消えていった。この傾向は80年代後半からのバブル経済の進行に伴って、ますます加速していった。

1980年代最初の即席麺業界のブームは、81年末から始まった高級麺ブームだった。ブームの火付け役となったのは、明星食品が発売した「中華三昧」。スープも麺も「即席麺でここまでできるのか」と思わせるほどの高級感と美味しさを備えていた。

昭和50年代後半に菓子メーカーが発売した「おかしめん」を契機に、1984年から翌年にかけてカップ麺の「ミニ化」がブームとなった。

その後、86年辛口ラーメンブーム、87年ご当地ラーメンブーム、88年大型カップ麺ブーム、91年生麺ブームと続いた。これらのブームのたびに各社から新商品ラッシュが起こり、市場は乱戦模様となる。

このように80年代以降、定番商品を市場に送り出すのは非常に困難な状況となった。

こうした商品の短命化の背景には、コンビニエンスストアの急増という流通業界の激変も影響していた。コンビニエンスストアの商品サイクルは短く、販売効率の悪い商品はすぐに店頭から消える。だから、メーカー側は新商品を次から次へと投入していかないと販売スペースを確保できない。こうした流通事情が各社の商品投入スピードを一層アップさせていく。

高級即席麺ブーム

1981（昭和56）年末から始まった高級麺市場は袋麺の約20％ほどを占めるまでに成長し、毅もサンヨー食品流の高級麺作りに着手した。毅と開発のメンバーが考案した高級麺は1983年1月、「桃李居（とうりきょ）」の名で発売された。しょうゆ味、みそ味、塩味のラインアップ。

毅はラーメン屋のラーメンではなく、高級中華料理店のラーメンを開発コンセプトとした。開発室のスタッフは東京、横浜、その他各地の有名中華料理店を食べ歩き、味づくりのイメージを固めていった。

しょうゆ味は、肉とみそを煮込んだ液汁に高級調味料オイスターソースや香辛料をほどよくブレンドし、片栗粉でとろみを付けた広東風醤油味ラーメンに仕上げた。

みそ味は、香味豊かな芝麻醤（チーマージャン）とスパイスの効いた中国みそをふんだんに用いた四川風みそ味ラーメンだ。

塩味は、野菜とチキン・ポークをじっくりと煮込んだ、こってりまろやかな液汁に、独特の鶏油と高級ごま油を加えた上海風塩味ラーメン。

これに合わせる麺は、厳選した小麦粉を多加水製法で良く練り、十分に蒸し上げてつくったノンフライ麺。ツルツル、プリプリの歯応えが高級スープにマッチした。

「桃李居」というネーミングを考えたのは、穀だった。由来は2つあり、一方は「桃源郷」「桃李郷」。これは、中国故事で、人間の理想郷を表す。そして、もう一方は「桃李もの言わざれど、下自ら蹊（みち）を成す」という故事を表す。「徳のある人のところには、自然に人が集まってくる」という意味だ。こうした二つの「桃李」という意味を持つ。理想的なラーメンであり、味覚的にも価格的にも多くの消費者に支持されるようにとの願いを込めた。

売り出す際のブランドコンセプトは、洒落た中華レストラン「桃李居」という名の店のコック長のつくった本格高級ラーメン。パッケージにも「本場コック長の中華麺」と入れた。テレビCMはコック長、ウエートレスによる中華レストランの雰囲気を演出し、香港で撮影した。

高松宮殿下と「ほたて味ラーメン」

1980年代にサンヨー食品開発室が世の中に送り出した即席麺の中でも、一際自信作だったのが「サッポロ一番ほたて味ラーメン」だ。

当時人気のテレビ番組に出演していた安岡力也が演じたキャラクター「ホタテマン」をCMにも起用して、そのインパクトから大人気商品となった。

もちろん、ホタテの風味が前面に出た味も秀逸で即席麺ファン垂涎（すいぜん）の逸品として知られた。2013（平成25）年に創業60周年記念として復刻版が期間限定で発売された際は、「期間限定でなく定番にしてほしい」という声も数多く聞かれたという美味商品。

そんな「サッポロ一番ほたて味ラーメン」が発売されたのは、1983年。この年は、サンヨー食品の新本社・工場が完成し、さらに群馬県で第38回国民体育大会（あかぎ国体）が開催された記念すべき年。

この国体にご来訪された高松宮殿下が県内企業の視察をご希望され、選ばれたのがサンヨー食品だった。

10月18日、午後3時半。サンヨー食品に到着された高松宮殿下をお迎えしたのは、社長の毅をはじめサンヨー食品の社員たち。

役員室で毅が会社の概要などを説明しているときに、高松宮殿下が述べられたお言葉はその場にいる者たちを驚かせるに十分だった。

「聞いただけでは味が分からないよ」

こうした皇室のご視察は、駆け足で終了するのが通例だが、なんと商品のご試食まで及んだ。そこで、話題となっていた新商品「サッポロ一番ほたて味ラーメン」を急遽、高松宮殿下に差し上げ、ご試食いただいた。

殿下は「大変美味しい」とお召し上がりになった。

ご当地ラーメンブーム

1980年代半ばから始まったご当地ラーメンブームは、数多くの個性的な商品を生み出した。サンヨー食品の場合、「長崎タンメン」「サッポロ一番」など既に昭和40年前後からブランド名に地名を入れていたので、当初よりご当地戦略をとっていたとも言えるだろう。

1986（昭和61）年には東京の荻窪などにある行列のできるラーメン店の味を研究して開発した「東京ラーメンこれだね」を発売した。すっきりとした東京ラーメンを再現したしょう油ラーメンとして人気を集めた。スープは、チキンとポークがベース。これに野菜エキスや鰹出汁、いりこ出汁を加えた。コシのある細麺にすっきりしょう油味のスープが良く合った。

テレビCMには落語家の春風亭小朝を起用。パッケージには漫画家・鈴木義司によるほのぼのタッチの行列店のイラストを採用した。全てにこだわりを持ったこの商品は日本食糧新聞社「食品ヒット大賞」の優秀ヒット賞に選ばれる大ヒットとなった。

翌87年には、「とっぱちからくさやんつきラーメン」を発売した。当初、これは九州地区向けの商品だった。サンヨー食品独自のエアドライ製法によるノンフライの細麺が特徴で、生麺に近い食感に仕上がった。スープはコクのある濃厚なとんこつをベースに、各種の調味料や香辛料といりごまの香りをアクセントにした結果、飽きのこないスープを実現できた。

ところで、従来のサンヨー食品の商品と大きく趣を異にするのが、このネーミングだ。これまでの商品名は、ほとんど毅が考案したものだ。

「とっぱちからくさやんつきラーメン」のネーミングは、大手広告代理店電通の提案によるものだった。そして、後にNECの「バザールでござーる」などをはじめとするテレビコマーシャルで一世を風靡するCMプランナー佐藤雅彦がCMを手がけた。当時、電通社員だった佐藤が制作したごく初期の作品として知られる。

このネーミングは博多弁で「朝も早くからやみつきになるほどのラーメン」という意味。パッケージデザインは山笠祭りを民芸調タッチのイラストで表現した。

やみつきになる味、インパクトのあるネーミングとパッケージ、CMのコラボレーションによって、「とっぱちからくさやんつきラーメン」は九州地区で大旋風を巻き起こし、全国販売となった。

「サッポロ一番」５食パック

こうした多品種少量生産、商品の短命化という即席麺業界にあって、「サッポロ一番しょうゆ味」「サッポロ一番みそラーメン」「サッポロ一番塩らーめん」などは依然として袋麺の王者に君臨し、袋麺におけるサンヨー食品のシェアは30％を超え圧倒的だった。こうした「サッポロ一番」主要３品への評価は、業界内でも確立していた。

「即席麺の寿命は昔から短い。食品というより菓子的な要素があり、出ては消えていく運命を辿る商品が圧倒的に多く、とくにこの数年短命化が進んでいる。そのような中でサッポロ三品の力は偉大だった。15年もの長命を、しかも横綱で守り通したのだから、まさに奇跡に近い存在と言える」（『激流』１９８３年12月号）

そのロングセラーブランド「サッポロ一番」シリーズの売り上げをさらにアップさせる画期的な方法を毅は考えた。サッポロ一番の５食パック化だ。名古屋からスタートして、やがて全国展開へと至った。消費者はもちろん、スーパーにもメリットの大きい商品として、５食パックは大当たりした。１９９０（平成２）年から１９９１年にかけては前年比２５０％という飛

大好評で定番化した５食パック

躍を見せた。各工場とも高性能の5食パック包装機を新設し、フル稼働を続けた。毅が先陣を切って始めた袋麺の5食パック化の爆発的なヒットを見て他社も追随し、現在では5食パックでの販売が袋麺のほとんどを占める状況となっている。

こうした既存商品の販売方法の再検討によって、袋麺の安定性はさらに増した。

episode

アマの域を超えた多趣味

毅は数多い経営者の中でも極めて多趣味な人物として知られた。仕事一筋の毅だったが、実は多趣味でもあったのだ。

20代のころ、夢中になったのは山歩き。富士製麺時代の部下であり親友だった竹村弘と同行することが多かったようだ。

毅は一度好きになった趣味はとことんまで極める傾向があり、山歩きに熱中して地図を読むことにも習熟し、等高線を読めば大方の地形は理解できるまでになった。この等高線を読む技術は、後にゴルフ場事業に乗り出す際に大いに役立った。

子どもができてからは、山歩きからスキーに変わった。年に数回は家族や友人たちとスキー旅行を楽しんだ。また、健康法として週に1回水泳で体を鍛えた。市営プールで1回あたり1000メートル泳ぐ。

昭和40年代の初期から始めた趣味が、麻雀。毅が社長を退任するまでは、ほぼ毎日のように社員らを誘っては麻雀に興じた。毅の自宅に加え、途中からは前橋市内にサンヨー食品の麻雀クラブをつくり、仕事が終わるとそこに集まった。当時の社員に毅の思い出を聞くと、真っ先に「麻雀」を挙げる者が多い。生来の負けず嫌いの性格もあってか、毅の麻雀の腕前はなかなかのものだった。

海がない群馬県に生まれ育った毅だが、泳ぐことは大好きで、昭和50年代になるとハウスエージェンシー・ポプラ企画の元社長武田秀二やブレーンの一人であるデザイナーの竹村俊彦とともに毎年夏に海水浴に出向いた。行く場所は常に伊豆の堂ヶ島温泉ホテルで、シュノーケルの道具一式をホテルに預け、ひたすら潜り泳ぎ続けるのだ。そして、夜は麻雀。

将棋も得意であり、アマ三段の腕前。

落語は最初は聞くだけだったが、昭和40年代半ばころからは自分でもやり始めた。レパートリーは「金明竹」「たちぎれ」「居酒屋」などの古典落語。サンヨー食品の忘年会で披露した。

ゴルフは「金がかかるから」という理由でやらなかったが、ゴルフ事業への進出を考え始めてからは、ゴルフに打ち込むようになった。

第12章

多角化への道

ゴルフ事業に着目

これまで見てきたように1970年代以降、即席麺の生産数量は安定成長を続けていた。こうした中、即席麺業界では経営の多角化は必然的な流れともなっていった。即席麺専業から総合食品企業への転換を図る大手もあった。

こうした中、井田毅はあくまでも本業の即席麺への注力を貫いてきたが、多角化への道を全く考えなかったわけではない。豊富な資金力を背景に、常に他分野への投資を探っていた。実際に無借金経営を続けていたサンヨー食品には、さまざまな投資案件が持ち込まれた。

特に数多く持ち込まれたのがゴルフ場の買収案件だった。高度経済成長を経て、ゴルフ場が急増し大衆化が進んだ。さらに80年代になると、バブル経済の進行とともに高級化も進んでいった。もともと、毅は自分でもゴルフをやらないし、社員にも禁じていた。そんな毅がゴルフ事業に打って出るようになった経緯を記しておこう。

毅がゴルフをやらなかった理由は諸説あるようだが、1979年の日刊ゲンダイのインタビューでは「カネがかかるから」と答えている。

とはいえ、世の中はゴルフブーム。接待ゴルフ全盛時代だ。営業担当社員としては、接待ゴルフが禁じられていては拡販にも影響しかねない。そこで、営業部の幹部は、「サッポロ一番みそラーメン」のパッケージデザインを製作して以来、毅と公私ともども深い親交のあるデザイナーの竹村俊彦に相談を持ちかけた。

「ゴルフの接待を禁止されていて、営業としてはとてもやりにくい。竹村さん、ゴルフが好きなんだから、社長を引っ張り出してよ」

ゴルフを趣味としていた竹村は、ホームコースを持つほどゴルフに打ち込んでいた。そこで、竹村が毅をゴルフに誘い出すと、拒否せず乗ってきた。

毅は取引先の印刷会社の社長から竹村ともどもゴルフに招待されたのだ。そこは、霞ヶ関カンツリー倶楽部という1929（昭和4）年に創立された関東一の名門ゴルフ場だった。このゴルフ場には、手前に池のある砲台グリーンの有名な難しいホールがある。グリーンは硬くて速い。一緒にプレーした3人は次々に打っていくがグリーンをオーバーしてしまう。

最後に打った毅だけが、カップから2、3メートルの位置に付けた。結局、このホールで毅は生まれて初めてバーディーをとった。キャディーさんからも「このホールでバーディーをとった人は久しく見たことがないですよ」と言われ、毅はすっかりゴルフ好きに豹変したようだった。とにかく、一つのことに熱中すると、とことん追求するのが毅流だ。だから、熱中した趣味の多くは一般的な趣味を超えて、セミプロの域にまで達してしまうこともある。麻雀や将棋などが良い例だった。

プレーが終わり、レストランで寛いでいると、毅は招待してくれた印刷会社の社長に尋ねた。

「ここのゴルフ場は、いくらくらいしますか」

「名門ゴルフクラブですから、会員権も高いのではないでしょうか」

「いくらくらい」という質問を聞いて、当然のようにゴルフ場の会員権だと思ったのだ。だから、印刷会社の社長は毅の返答を聞いて思わずのけぞることになる。

「会員権の値段ではなく、このコースを造るとしたらいくらかかるかを知りたいんだ」

ゴルフに興味を持ってから事業として考えるまでのスピード。これこそが毅の真骨頂と言えるだろう。1981年秋のことだった。

市原ゴルフクラブの買収

1980年代初頭は第3次ゴルフブームともいわれ、女性を中心にゴルフ人口が増えていた。レジャー・健康志向も高まり、週休2日制も急速に定着しつつあった。ゴルフ場ビジネスは今後ますます期待ができる。毅はこう考えて、多角化の第一弾として、ゴルフ場の買収を考えた。

霞ヶ関カンツリー倶楽部でのプレーから4カ月後、竹村は毅に頼まれて、千葉県市原市にある市原ゴルフクラブの視察に同行した。真冬という季節柄もあるが、木がまばらで殺風景だ。支配人によると「資金不足で木をたくさん植えられない」という。

帰りの電車でウイスキーをちびちび飲みながら「このゴルフ場はどうだい？」と聞いてくる毅に対して、竹村は「良いコースですが手入れが十分ではありませんね」と答えた。

市原ゴルフクラブは、大昭和製紙グループの北総興業が経営していた。開場は1973（昭和48）年。会員制ではなく、パブリックだ。81年には約6万人の入場者があり、営業利益は年間約3億円と、ゴルフ場の運営自体は決して悪くなかったが、経営母体の大昭和製紙が経営危機に陥っていた。そのため、メーンバンクである大手都市銀行が売却先を探していたのだ。

人気のあるゴルフ場を売りに出せば、買いたいという企業は決して少なくない時代だったが、ある大手都市銀行が当時取引のなかったサンヨー食品との取引のきっかけとして、市原ゴルフクラブの売却を持ちかけてきたというのが発端だった。

そこで、毅は竹村を誘い視察に訪れたというわけだ。視察から2週間後、竹村のもとに毅から連絡が入った。

「あのコース買ったからね」

「やっぱり買収する為の視察だったのだ」と竹村は思った。毅としては、ゴルフ場を買収した後、自分の思うように大改造する腹づもりだったのだ。

ところで、買収金額は80億円。多くの企業が買収を狙い、サンヨー食品の提示よりも高い83億円で買いたいという企業も現れたが、大手都市銀行はサンヨー食品との取引を優先したため、ぎりぎりのところで買収に成功した。コース用地約125万平方メートル（約38万坪）に加え、隣接する約70万平方メートル（約20万坪）の遊休地を含む契約だった。

当時、サンヨー食品は年商約1千億円、経常利益も90億円ほどを上げる堅実経営。前年の81年にはエースコックを傘下に収めていた。80億円程度の投資は決して経営を圧迫するものではなかった。

毅は竹村への買収報告の電話で「あのコースを改造したいから、参考にするため、アメリカにゴルフ場を見に行こう。西海岸で10コースばかりピックアップしてくれ」と依頼した。

市原ゴルフクラブのクラブハウス

5月、毅と竹村らは米国へ発った。ロサンゼルスを中心に西海岸、サンフランシスコからサンディエゴまでの間にある10コースほどの視察を取引先の都市銀行の支店にセッティングしてもらっていた。

ロサンゼルスでは全米プロや全米オープンが開催されるリビエラカントリークラブ、タスチンランチ・ゴルフクラブを回り、パームスプリングスに移動してインディアンウエルズ、ラキンタ・エルドラド。次にサンディエゴでラコスタとローマス・サンタフェなど。

帰国すると早速、毅はゴルフ場の改修に乗り出した。企業のオーナーが自分で直接ゴルフ場を設計するようなケースは稀だろうが、自社の工場などと同様に毅は市原ゴルフ場の改修計画も自分で原案を作成した。

市原ゴルフクラブは東、中、西コースの27ホール。アメリカ視察を参考に、基本的にワングリーンにした。池の中にグリーンが浮かぶようなアメリカンスタイルを採用したホールもある。全体的に丘陵地ではあるがアップダウンは緩やかになり、フェアウエーは広く豪快なショットを追求できる。また、池が巧みにレイアウトされた。営業を続けながら改造も並行し、結果的に27ホールすべてを毅の設計で改造した。

毅は従来通りパブリックを継承しつつ、コースを改良したことでワンランク上の品格のあるゴルフ場への脱皮を目指した。当時、市原市には16ものゴルフ場がひしめいていたが、市原ゴルフクラブは順調にスタートし、堅調な経営を続けていく。

社長自ら設計

毅は市原ゴルフクラブがまずまず順調と言える船出を始めた状況を見て、多角化の一つにリゾート関連事業を据える決心をした。１９８５（昭和60）年9月のプラザ合意が一つの分岐点となった。これはサンヨー食品だけでなく、産業界全体に共通した。急激な円高は生産の海外シフト、内需拡大への動き、原材料の輸入増大など変化は多岐にわたったが、新事業分野への進出、多角化もその一つの流れと言えるだろう。

１９８６年の年頭の挨拶で毅は「多角化に向けて」と題して語った。

「私はいろいろ多角化を考えてはおりますが、会社だけが多角化するのではなくて、会社を構成している皆さんも多角化について行くことが必要です。会社だけが多角化をして行き、皆さんはラーメン工場の中に取り残されてしまうのでは、多角化になりません。今年は、会社も変革する年であり、皆さんにもそれを要求する年になります」（社内報『サンヨー』１９８６年1月号）

この挨拶の時期と前後して、毅は新たなるプロジェクトに着手していた。市原ゴルフクラブはすでにあった既存のゴルフ場を買収して改造したものだから、自分でゼロから創りあげたものではない。土地の買収から自分の理想と思える究極のゴルフ場を開発しようと考えた。

群馬県内にいくつかあった候補地の中から、毅は富岡を選んだ。何度も視察をして決めた。視察に同行した妻の喜代子は「丹生湖の一部を含む土地で、丹生湖を眺めながら『いいなあ』と感嘆していました。また、牛伏山の眺望も良く、『いいところだ、ここでやってみたい』と言って、何度も通いました」と回想する。

毅は富岡市西部の丘陵地帯に決めると、サンヨー食品として土地の買収交渉を始め、並行してゴルフ場の企画案づくりに着手した。ゴルフ場の建設は、土地の買収や設計・造成などを含め5年単位のビッグプロジェクトとなる。住友建設（現・三井住友建設）は、設計・造成などでプロジェクトに参加した。同社の営業担当・金谷義之は、毅のゴルフ場づくりに長きにわたって密接に関わった。

「驚いたことは、社長自らが設計を行うことです。『丹生湖の自然と調和したゴルフ場をつくりたい』と話され、数十枚ほどのラフレイアウト図を描き構想を温めていました」

もちろん住友建設にもゴルフ場専門の設計者はいる。当初はプロジェクトに参加したが、やがて毅は「あの設計者は等高線が読めない。山を登ったことのない男だから、駄目だろう」と言って、以降は自分の設計案をたたき台にしてブラッシュアップを重ねていく。

若いころ山歩きを趣味にしていた毅は等高線を読み取ることができた。地図を見れば、山の高さや借景のイメージなどが頭の中に浮かんでくるというレベルだ。だから、等高線を見ながら、コースのラフスケッチを描くことができた。ホールごとの全体図、それぞれのグリーンやバンカーなどの細部のスケッチなど毅は描き上げたスケッチを社長室の窓ガラスに張り付けて、さらにイメージをふくらませ熟考を重ねた。当時、サンヨー食品内でも一番のゴルフ通として知られ、後にゴルフ事業の責任者として毅をサポートした志満津宗市は振り返る。

「社長室の応接に行くと、ガラスに紙が張ってあって、全部コースのデザインなんですよ。『どう思う？』と意見を求められることも多かった。社長室に行くたびに、張り付けてあるスケッチは変わっている。それくらいの情熱を傾けていましたね」

毅は市原ゴルフクラブの買収と前後して、ゴルフ場の研究に打ち込み、理想的なコースを思い描いていた。毅は「プロには厳しく、アマチュアにはやさしい」ゴルフ場を良いゴルフ場の条件と考えるようになっていた。富岡のプロジェクトでも、設計において毅が目指したのはそこだった。なおかつ、少年時代から絵を愛し、即席麺のパッケージデザインにも人一倍のこだわりを持った毅だけにゴルフ場は美しくなければならないという信念を抱いていた。

不可能を可能に

設計も大枠が固まり、土地の買収も9割方終了したところで、いよいよ施工に取りかかった。毅はホールごと、そしてその部分部分ごとに植栽に至るまで詳細なスケッチを描き、現場で細かい指示を出していく。景観には大きな配慮を払い、石や木を小道具に用い、その配置にもこだわった。グリーンやバンカーのレイアウトは設計図通りに作ったものでも、出来上がりを見てやり直しを考える場面も多かった。そんな一つ一つの局面について常に共に頭を悩ませてきた金谷が毅に舌を巻いたことがもう一つあった。

「とても計算に強い人だった。ゴルフ場の設計で一番大事なのは、切る土と埋める土をそのゴルフ場の中で収めなければならないということです。両者のバランスが重要なのです。井田毅社長は、折尺という土建屋が土量計算に用いる商売道具を常に持ち歩き、土量バランスを自分で計算しながら現場を歩いていた。プロでなければできないような計算を正確に行っていました」

丹生湖の自然を生かす。これがプロジェクトのコンセプトの一つだったが、実現には困難があった。計画では丹生湖越えのホールがあり、この計画では丹生湖の一部を埋める必要がある。丹生湖は１９４５年に当時の内務省が完成させた人造湖であり、土地全体としてみれば管轄は国土交通省だが、湖の水は農林水産省の管轄。案の定、提出した計画は最初たらい回しにされたが、「丹生湖はゴルフ場の成否を分ける」という毅の情熱が周囲のスタッフを動かし、結果的に岩盤かと思われた国の許可を取ることができた。金谷は回想する。

「国の土地だろうがなんだろうが、埋めなければ良い土地にならない。その意志を受けて、みんな誠意を持って飛び回った。農水省への最終的な説明が迫る中、私は夏休みに家族と共に下田に旅行へ行っていました。ただ、いつ呼び出されても構わないようにスーツを持参していたら、本当に呼び出しの電話がかかってきたのです」

金谷はスーツに着替えて農水省に出向き、詳細な説明を行った。普通に考えれば無理ではないかと思われた許可が下りたのは、それから数日後。オープン1年前の1990年夏のことだった。

こうして、設計や許認可申請に2年、建設に3年の月日を費やし、富岡ゴルフ倶楽部は完成へと向かう。

オープンと大病

富岡ゴルフ倶楽部のオープンは1991（平成3）年8月16日に決まった。一般オープンを前に竣工式と落成披露を7月29日に行う予定だった。5年の歳月を費やし手塩にかけて完成させたゴルフ場を世の中に披露する記念すべき日を前に、毅は「ようやくここまでたどり着いた」という満足感と高揚感を抱いていた。だが、それとともに体調の異変を感じていた。

もちろん大企業を経営する毅には懇意にしている主治医はいたが、根っからの検査嫌いで、体調が悪くても検査を先延ばしにしていた。人間ドックなどは受けたためしがない。そんな毅だったが、日増しに悪化する体調にただならぬ予感を感じて、都内の病院で検査を受けた。

その結果は大腸がんだった。すでにステージⅣまで進行していた。手術は緊急を要した。毅が下した決断は、落成披露を無事終えてからの入院。

7月29日。朝から快晴。多くの関係者を招いて竣工式、落成披露、祝宴と長い晴れの舞台だ。真夏の太陽が照りつける中、司会の林家こん平のかけ声で毅らがテープカット。この時、毅の病気を知っているのは、家族だけだった。サンヨー食品は前年にサンヨーリゾートを設立し、富岡ゴルフ倶楽部はその大きな柱となるべきゴルフ場。その船出という晴れやかな舞台の主人公として振る舞う一方で、毅の体調は限界に近づいていた。それでもなんとか全てのスケジュールをこなし終えた毅は、すぐに入院した。

富岡ゴルフ倶楽部の完成披露で挨拶する毅

手術は8月5日。九段坂病院で行った。執刀する医師からは「お腹を開けてみて、がんの転移が広がっていたら、すぐに手術を終了します」と言われていた。だから、手術の終了を待つ家族からしてみたら、すぐに手術が終わらないよう祈りながら、手術中のライトを見つめて待機していた。

幸いにして手術の終了まで約6時間かかった。手術中のライトが消えて、執刀医が出てきて家族に「手術は無事終了しました」と告げた。同時に喜代子は切除したがんを執刀医から見せてもらった。大腸に加え、転移が見られたリンパ節だ。見た者を驚かせるに十分過ぎるほどの膨大な量だった。ともかく、臓器への転移はなく、目に見える範囲のがんはすべて取り切ったのだ。

毅はこのとき61歳。情熱をかけた富岡ゴルフ倶楽部は完成したばかりでもあり、「ここで倒れてたまるか」という気力もあった。だから、手術が終わって2日目には早くも院内を歩いた。「手術後早く歩く方が治りも早い」と執刀医から聞かされていたからだ。喜代子も一刻も早い回復のため毅を懸命に支えた。毅は、人生最大の危機を乗り切った。

地形を生かしたコース

毅が復活するエネルギー源でもあった富岡ゴルフ倶楽部は、どんなゴルフ場だったのだろうか。一言で表現するならば、自然の地形を生かした美しいコースと言えるだろう。毅自身も「自然の美しさ」には力を入れ、後に富岡ゴルフ倶楽部の会報誌で語っている。

「良いコースとは美しいものなのです。コース設計者は与えられた条件の中で、いかに美しいコースを作るかに心を痛め、悩み努力するものなのです。与えられた条件の中で最も大きなものは立地（地形）です。地形はコース造りの80％の優劣を決定する位大きなウエイトを占めるものです。（中略）自然に勝る美しさはありません。特にコース外景観は人の手の届かぬ領域であり、此れを我々は借景と呼んでおります」

この言葉通り、富岡ゴルフ倶楽部を訪れると「なるほど」と毅の意図がよく理解できるはずだ。

富岡ゴルフ倶楽部は、標高２００メートル前後の南面の丘陵地に18ホールがレイアウトされている。各ホールから秩父山系、妙義山などの雄大な風景を望むことができる、極めて絵画的なロケーションを誇る。

丹生湖越えのショートホールをはじめ自然をできるだけ取り込んだコース設計が特色だ。18ホールそれぞれが個性的で印象深い表情を持っている。

６番ホールは、グリーンを囲むように配置された５個のハンモック・バンカーが極めて特徴的で、前述した14番ホールの丹生湖越えは圧倒的な迫力がある。自然の地形をそのまま生かした16番ショートホールは、遠くに望む秩父連山を借景に池・バンカー・グリーンのコントラストが息をのむほどの美しさである。８番、17番のミドルホールは両者にまたがる大きな池があり、池越えを狙うか刻むかプレーヤーを悩ませる設計となっている。

クラブハウスを設計したのも毅だった。[27]

富岡ゴルフ倶楽部

ホールに相当するほどの大きな造りで、南欧風の高級感あふれるデザイン。レストランからは9番ホール、18番ホール、そして遠景の山並みが眺望できた。

ゴルフ場への思い

即席麺の専門家である毅は、当然、ゴルフ場の設計に関しては専門外だ。しかしながら、毅は建設会社のコース設計者に任せず、自力で自らの感性とものづくりへのこだわりをベースに長期にわたる設計作業を行った。こうした社長自らが設計に中心的に関わるスタイルは全国の幾多のゴルフ場の中でも例を見ない。

毅は富岡ゴルフ倶楽部の会報誌（1994年春号）の中で、「アマチュア・コース設計家」と題するエッセーを寄せている。この中で、毅はまず前述したように「絵になる風景」を挙げている。「一つに美しいコース造りです。これは絵になる風景をモットーに、一木一草、一石に至る迄、計算された設計です。その為に予算以上の工事費となりました」

次に「楽しめるコース造り」を挙げている。「巾の広いフェアウェー、コース左右は必ず受けておる事、見えないバンカーは造らない、グリーン後は広く且つ受けておる、必要以上に砲台グリーンは造らない、水（池）の利用はダイナミックに等、ハンディ20から30位迄のアベレージゴルファーに楽しみ、喜ばれる様な思想の元に設計されております。しかし、かと言ってハンディ10前後のハイレベルの方々にも、充分手ごたえのある戦略性に富んだコースにもなっております」

「楽しめるコース」とは、前述したように「プロには厳しく、アマチュアにはやさしい」ということ。富岡ゴルフ倶楽部のプレー経験者によると、「最初の2、3回はビギナーズラックで良いスコアを上げられたが、上達してくるとけっこう苦戦することもあり、奥の深いゴルフ場だ」という。毅の目論見はうまくいったということなのだろう。実際に富岡ゴルフ倶楽部のコースレートは72・3と難易度は高いのだ。

ところで、同じくこの「アマチュア・コース設計家」と題するエッセーの中で、毅は「昨年度より新市原ゴルフクラブの18ホール新設の設計工事にかかわっており、来年の完成に向かって、図面を引き見取図を描いては、ニッコリ笑っておる昨今です」と書いている。根っからのものづくり人・井田毅の本質が伝わってくる。即席麺づくりもゴルフ場づくりも毅にとっては、楽しくて仕方がないことだった。

特にゴルフ場づくりは、毅にとっては始めたばかりの新事業とは言え、ゴルフ場の設計に当たっては水を得た魚のように没頭した。

その毅の意図を実現するように、多くの人間が労力を厭わずまい進したことも忘れることはできないだろう。住友建設の金谷はもちろんだが、特にサンヨー食品・元専務取締役の慶徳は土地の買収から始まって各種の申請はもちろん完成に至るまで骨身を惜しまず奔走した。

米国での買収

ゴルフ場事業に確かな手応えを感じていた毅は、多角化の柱としてリゾート関連事業を加速させていった。１９９０（平成2）年6月、新たにサンヨーリゾートを設立した。

手始めに、米国サンヨー食品のある米国西海岸に位置する2つのゴルフ場を買収した。ヨーバ・リンダカントリークラブとローマス・サンタフェカントリークラブだ。ヨーバ・リンダC・Cは、ロサンゼルスの南、オレンジ郡にある。背後にはサンベルディノ山脈の美観が望める。敷地面積は60万7000平方メートルで、18ホールの競技用として開発されたものだ。

一方、ローマス・サンタフェC・Cは、かつて市原ゴルフクラブの買収後、毅と竹村俊彦が視察したゴルフ場の一つだった。サンディエゴ近郊にあり、PGA競技（全米男子プロゴルフツアー）用の18ホールを備えた南カリフォルニア有数のコース。一年中緑を絶やさないフェアウエーやグリーンが美しいゴルフ場である。

両コースはともにメンバー制で、付帯設備としてスタイリッシュなクラブハウスや照明付きテニスコート、プールなどを備えていた。サンタモニカやロングビーチ、ディズニーランド、ハリウッドにも近く、米国西海岸リゾートの一角を形成していた。

続いて1993年には同じく米国西海岸にあるタスチン・ランチゴルフクラブを買収した。タスチン・ランチゴルフクラブは風光明媚なリゾートコースで、1982年に毅が視察したゴルフ場だ。南カリフォルニアを代表する名パブリックコースである。

アメリカでは、ゴルフ場は高級住宅地に付随して開発される。ゴルフ場に隣接した宅地という売り出し方をするから、宅地がすべて販売できれば、開発業者はゴルフ場を持つ意味がなくなる

ローマス・サンタフェカントリークラブ

ので、売却するケースが多い。しかも、90年代前半は不動産不況で買収金額も安価で済んだ。

先を見通す方針転換

即席麺業界において、サンヨー食品は日清食品と並んで東西の両横綱と言われた。毅は数々の新機軸を打ち出し、袋麺の世界では「サッポロ一番」という超ロングランヒットを世の中に送り出した名開発者としても知られる。

その毅が取り組んだゴルフ場事業。決して成功者の道楽ではなかった。富岡ゴルフ倶楽部のプロジェクトがスタートしたばかりの１９８５（昭和60）年夏、毅は「食糧新聞」のインタビューに答え、死ぬまでにゴルフ場をあと10カ所完成させたいと語っている。

「これは一大事業であって、決して道楽ではない。まず、ゴルフ場は土地への投資で、やがて日本にくるかも知れない大インフレへのヘッジ。そして万一にでも世界的な食糧危機がきた場合、芝生を掘り起こしてイモを植えれば飢え死にすることはない」（「食糧新聞」１９８５年8月8日）

先の先を見通す毅流の論理展開だ。毅の目論見通り

タスチン・ランチゴルフクラブ

1991年に富岡ゴルフ倶楽部を完成させ、さらに1996年には市原ゴルフクラブに隣接する敷地に新たなゴルフ場18ホールを増設させ、市原ゴルフクラブ柿の木台コースをオープンさせた。

サンヨー食品グループは現在、国内3カ所、米国に3カ所のゴルフ場を有している。当初考えていた毅の構想ではゴルフ場づくりをさらに進める予定だった。しかし、日本経済はバブル崩壊からの回復が遅れ、金融機関の不良債権問題は一朝一夕に解決できず、後に「失われた20年」と言われる長期化する停滞時代へと突入していた。

こうした状況を見て素早く方針転換するのが毅の経営者として優れた点の一つ。バブル期にゴルフ場やリゾート経営に触手を伸ばし、不幸にも経営危機に陥った企業は少なくない。この点、国内3カ所、米国3カ所のゴルフ場は堅実経営を続けていることは特筆すべきだろう。

当時、新規のゴルフ場をオープンさせるとき、建設費を会員権の売却によって賄おうという企業が主流を占めていた。高い価格を設定し完売できれば回転していくが、バブルが崩壊し、このビジネスモデルは成り立たなくなった。サンヨーリゾートの場合は豊富な資金力を利用し、ゴル

市原ゴルフクラブ柿の木台コース

フ場の買収や建設において金融機関からの借り入れや会員権収入を当てにする必要は全くなく、すべて自己資金で事業展開ができた。だから、リスクを冒すこともなく、余裕を持っての事業だった。それでも、長期の不況期に必要以上の深追いは危険だと毅は判断した。

こうした中、サンヨーリゾートではいくつかのプロジェクト構想を抱えていたが、96年の市原ゴルフクラブ柿の木台コースを最後に、新規のゴルフ場開発は中止し、進行中の事業をすべて売却。既存のゴルフ場の充実した運営に専念していった。この判断は、結果から見ても大正解だった。

１９９1年夏にオープンした富岡ゴルフ倶楽部。高級ゴルフ場にふさわしい３８００万円という高額な会員権価格を設定したが、予定通りに完売できた。

ゴルフ場の会員権は永久的なものではなく通常は預託会員制度といって10年の期間が設定されていたが、この定められた契約期間が終わったら、退会を希望する会員には預託金を返還する制度。ところが、バブル崩壊後、ほとんどのゴルフ場は、退会者にもこの預託金を返せなくなっていた。会員権収入を建設費の支払いに充ててしまったゴルフ場が多くを占めたので、当然予想される事態ではある。しかし、毅はこうしたユーザーをないがしろにした運営者本位の姿勢を良しとはしなかった。

10年が経つと、３４００万円の預託金を３口に分割し、退会する人には全額返還、１口だけ保有を続けるか、２口だけ保有など

市原ゴルフクラブ柿の木台コースの造成

の選択肢を設け、それぞれの希望に応じて金額を返還した。極めて当たり前の対応だったわけだが、日本のゴルフ場多しといえどもサンヨーリゾート以外には類を見ない対応で、誠実な経営として大きな話題を呼んだ。「預託金全額返還」は、日本経済新聞などの全国紙をはじめ、多くのメディアに取り上げられている。

富岡ゴルフ倶楽部

預託金全額返還へ

1次、2次の希望会員に

他ゴルフ場に影響も

サンヨー食品（前橋市朝倉町、井田純一郎社長）が経営するゴルフ場、富岡ゴルフ倶楽部（富岡市下丹生、春名和雄理事長）は七日までに開いた理事会で、二〇〇〇年七月以降に償還期限を迎える預託保証金について、希望があれば全額を返還する方針を決めた。第一次募集（預託金三千四百万円）、第二次募集（同四千万円）の会員が対象で、総額は約百九十三億円に上る。バブル期に開業して十年がたち、償還期を迎えているゴルフ場の預託金をめぐっては、経営難などから償還できず、各地で返還請求訴訟が起きるなど社会問題化しており、同ゴルフ倶楽部の決定は他ゴルフ場の対応にも影響を与えそうだ。

預託金は、ゴルフ場の会員になる際にゴルフ場に預ける保証金（無利子）で、一般的に償還期限を十年としている。ゴルフ場側はこれまで預託金を使ってゴルフ場造成費用などに充ててきた。

同ゴルフ倶楽部は一九九一年八月開業。来年七月以降に償還の対象となるのは、一次、二次募集の会員で、据え置き期限十年が経過した個人、法人の計五百五十九会員。退会希望があれば、すべての会員に額面通り返還する。

また、全額償還の方針によって会員の減少が懸念されることから、適正会員数の確保のため、来年七月以降に新規募集を実施するほか、現会員にも継続を呼び掛ける。同倶楽部理事で、サンヨー食品の井田毅相談役は「返還は会員との約束であり、企業の社会的責任において信頼関係は裏切れない」としている。

バブル期に開業したゴルフ場では、昨年ごろから預託金の償還期を迎えており、今年の返還総額は全国で一兆円を超えるとみられ、今後、償還期となるゴルフ場が相次ぐ見通しだ。

しかし、預託金を新たなゴルフ場造成資金に投入したり、バブル崩壊による経営難から、返還要求に応じることができず、多くのゴルフ場が預託金の据え置き期間の延長や、額面の減額などで対応しているのが現状。預託金が高額であることから、返還請求訴訟なども起きている。

全額返還を報じる新聞（上毛新聞、1999年11月）

episode

ボウリング場のオープン

多角化というコンセプトで毅が決断したのはゴルフ事業への進出だったが、市原ゴルフ場の買収からさかのぼること約10年、サンヨー食品はなんとボウリング場をオープンしている。1971年といえば、塩らーめんを発売して「サッポロ一番」シリーズのブランドを確立し、さらにサンヨー食品がシェア、売り上げなど即席麺業界ナンバーワンに躍り出た記念すべき年でもあった。

この年、空前のボウリングブームが日本列島に押し寄せていた。そんな中、前橋市内にボウリング場建設を開始し、71年12月28日「前橋スターボウル」を華々しくオープンさせた。「前橋スターボウル」は50レーンを備える北関東一の規模。オープニングは人気絶頂の中山律子ら5人ものプロボウラーが来場し、模範競技を披露した。さらに前橋市長まで祝辞に来場。オープニングは超満員の盛況となった。

この盛況は翌年になってからもしばらく続いたが、やがてボウリングブームも下火になっていった。

そんなときに見切りが早いのが毅流。ブームの終焉を待たずに「前橋スターボウル」の閉鎖を決めていた。しかしながらこの事業を手掛けたことから、毅にはレジャー産業への興味が芽生え、後のゴルフ場事業へと結びついていったのだった。

「スターボウル」開業で始球式を行う井田文夫社長

黄山漢詩行（油絵F20号）井田毅作

黄山游记

作者 井田 毅　翻译 许宏

夙愿经年登黄山
唯冀名峰收眼帘
暗云翻飞遮盛景
久候无晴徒怅然
仙境重游待来日
忍泪回眸心留连
山村秋色催人醉
稻穗顿首送余还

黄山周遊の記

作者 井田 毅

積年の望み　黄山に登る
天下の名峰　眼前にあれど
暗雲去来し　眺め望めず
数日待てど　微光の兆しなし
またの来訪を胸に
涙をのんで　山を下る
麓の村々　秋の色深く
稲穂　首を垂れて　我を見送る

（画文集より）

第13章

中国進出を決断

長男純一郎入社

「1991年の夏、父に進行した大腸がんが発覚するまで、サンヨー食品を継ごうとは考えたことがありませんでした」

毅の長男である井田純一郎（現・サンヨー食品代表取締役社長）は言う。家族内で後継者の問題が話題になったこともなく、毅から跡を継ぐように言われたこともなかった。毅は「会社は会社、お前はお前。自分の人生は自分で切り開いていきなさい」という主義で、純一郎にもそう言ってきた。自力で困難に立ち向かい、未来を切り開いてきた毅だけに、すでに即席麺業界トップクラスとなっていた会社を無条件に息子に継がせるという考えはなかった。

だから、純一郎は大学四年の時、もちろん他社への就職を考え、1985年、卒業と同時に富士銀行（現・みずほ銀行）に入行した。銀行では支店勤務を皮切りに、本店勤務へと異動、銀行での日々は楽しく仕事も充実していた。純一郎はこのまま銀行員としてキャリアを積んでいくことに疑問を感じていなかった。

入行して7年目の7月のある日、母の喜代子から純一郎のもとに電話があり、毅が大腸がんにかかったこと、そしてすでにⅣ期で助からないかもしれないことなどを知った。

「この時の電話で事の重大さに気づき、『銀行を辞めてサンヨー食品に入ろう。しかも急がなければ』と決心しました」

父からは「自分が病気だからサンヨー食品に入社しろ」などとは一切言われなかったが、純一郎から入院中の毅に入社の意向を伝えた。毅は黙り込んで多くを語らなかった。もちろん、内心はホッとした思いだったのだろう。銀行での7年間で成長した純一郎の姿を見て、心配なく後を託せるという思いもあったのかもしれない。

純一郎は毅が手術を受ける同年8月5日よりも前に会社に辞意を伝え、年末までの勤務ということで退職を認めてもらった。

幸いなことに毅の手術は成功し、進行していたがんも全て取り切ることができた。リハビリも順調に進み、社長職に復帰し、当分の間は問題なく仕事を続けられることが分かった。それでも純一郎は年末いっぱいで予定通り銀行を辞めた。

「父の体力が回復し、僕も安心しました。父はがんを克服したのですが、予定通りにサンヨー食品に入社しました。父も大丈夫のようだったし、『銀行を辞める時期が早かったかな』とも思いました」

銀行では課長代理に昇進しており、もう1年ほど在籍していれば課長の肩書が付くため、多少のためらいはあったが、純一郎は一度決めたとおりに1992年4月、サンヨー食品に入社した。

13億人の市場へ〝出陣〟

純一郎は社長室長という肩書をもらった。サンヨー食品は即席麺業界に進出して既に約30年経過しており、草創期からキャリアを積んだプロが営業、製造などの各分野で活躍している。また、会社全体を切り回すのは社長の毅だから、純一郎にはこれといった仕事がない。そこで、毅が純一郎に与えた任務は海外事業だった。

海外事業は失敗するリスクが大きい。しかし、失敗する可能性を過大視していては、事業が進展しない。「一般社員が担当して仮に失敗したら責任を背負い込んでしまうが、社長の息子ならそんなこともないだろうから思い切りやれ」と毅は言った。

米国では70年代の終わりから米国サンヨー食品を展開し、ある程度の成功を収めていた。次に毅が狙っているのは、中国市場だ。やはり社名に込めた思いからも分かるように、毅は海外志向が強く、「いつかは中国へ」という思いを秘めていた。

90年代に入ると改革開放路線で中国経済の飛躍が始まりつつあり、人口13億人という市場に俄然注目が集まり始めた時期でもあった。しかも、麺の本場。ここを制覇した者が、世界の即席麺業界の覇者となれるのだ。「進出するなら今がチャンス」と毅は中国事業を進めるよう純一郎に命じた。

毅による中国事業開始の宣言は、もちろん社内では賛否両論を巻き起こした。2000年代になってから中国に進出する企業はいくらでもあったが、1992(平成4)年の時点で中国進出を考えるのは先端的な部類だった。「中国なんて、危ないのではないか」という考えが取締役の間にあったのは事実だが、中国での成功なくして国際的な企業には成長できないと考える毅が押し切った。結局、毅が責任を持ち、純一郎が陣頭指揮を執るという全社一丸体制で中国事業はスタートした。

毅と純一郎は取引先の丸紅に中国事業の協働を持ちかけた。

大連サンヨーの設立

1994(平成6)年から翌年にかけて、ガット・ウルグアイラウンドの決着や円高の急速な進行などから、即席麺業界にも先行き不透明感が強まっていた。農産物自由化や輸入品の攻勢など危機感が広まった。しかも、バブルからの回復が遅れ内需が低迷していた。こうした中、中国進出に活路を見出すのは自然な成り行きだったと言えるだろう。毅と純一郎は事業のスタートを急いだ。結果的に大手即席麺メーカーの多くはサンヨー食品と同時期に中国へ進出を果たすことになる。

中国における１９９５年の即席麺消費量は約１２０億食であり、すでに日本の2倍を軽く上回っていた。中国は途方もなく広大な国土に日本の10倍に及ぶ人口を有する。２０００年には消費量が３００億食にまで増えるという驚くべき予測まであった。日進月歩の経済発展を背景に消費量は毎年20%ほどの増加が見込める。まさに途方もない底知れぬ市場なのだ。

このビッグな市場めがけて、多くの中国メーカー、そして台湾やインドネシア、シンガポール、韓国などの企業が90年初頭以降にやってきた。サンヨー食品をはじめ日本の大手即席麺メーカーもその混沌とした市場に参戦したというわけだ。

丸紅との間で合弁事業計画の推進を柱として中国

大連三洋食品の工場

プロジェクトチームが誕生したのは、1994年1月。純一郎がプロジェクトリーダーを務めた。プロジェクトチームは合弁相手や建設用地の選定、原材料・資材の調査、合弁契約の締結など中国各地を飛び回り、極秘裏に計画を進めた。

中国プロジェクトで活躍したのが中国人の徐一民であった。徐はもともとは喜代子の知人の中国語教師であったが、毅の要望でサンヨー食品の社員になり、中国プロジェクトの一員になったのだ。

そして、プロジェクトのスタートから約1年後、サンヨー食品と丸紅、そして中国大連市食糧局傘下の製粉会社・大連第三糧食儲運工業公司の3社合弁で「大連三洋食品有限公司」の設立にこぎ着けた。「大連三洋食品有限公司」は大連国際空港から北東へ車で約15分の大連第三糧食儲運工業公司敷地内に居を構えた。記念すべき中国への最初の足跡だった。

同年8月に工場の建設工事に着手し、12月中旬には機械や設備の据え付けを始めた。もちろん、製造部の責任者をはじめ中核スタッフとしてサンヨー食品から厳選されたスタッフを派遣したことは言うまでもない。96年3月中にスープ工場、麺工場がそれぞれ生産を開始した。

そして4月10日。大連市内の天富大酒店で「三宝楽一番」の発表会を開催した。「三宝楽一番」は「サッポロ一番」を中国語に訳したものだ。

寡占市場での奮闘

「三宝楽一番」には、「サッポロ一番」のしょう油・みそ・塩に対応するよう「紅焼牛肉麺」「日本醤拉麺」「清蒸鶏湯麺」の3種類をラインアップした。

商品のパッケージには「日本市場第一名牌」と入れた。「日本市場で一番売れている」という意味で、中国市場にアピールしようとした。

しかし、いざスタートしてみると、販売には苦労した。それというのも改革開放路線以降、急激に即席麺メーカーの参入が増えたと書いたが、その傾向はプロジェクトが立ち上がってからも続き、1996（平成8）年春、大連三洋が商品を発表した段階では、膨大な数のメーカーが乱立し、中国全土で合計年間800億食相当の生産能力に至っているという説まであった。一方、95年の年間消費量は約120億食だから、いくら年率20％で伸びているとはいえ、供給過剰だった。当然、経営が立ち行かなくなり操業停止する企業も数多くあった。

しかも、こうした混沌の中で早くもシェア1～3位までががっちりと固まりつつあった。中でも1992年に中国に進出したばかりの台湾企業「頂益（現・康師傅）」の強さは圧倒的だった。頂益は食品・流通大手、頂新グループの中核企業だ。頂益はブランド「康師傅（カンシーフ）」で大ヒットを続け、進出後わずか4年ほどで生産量ベース

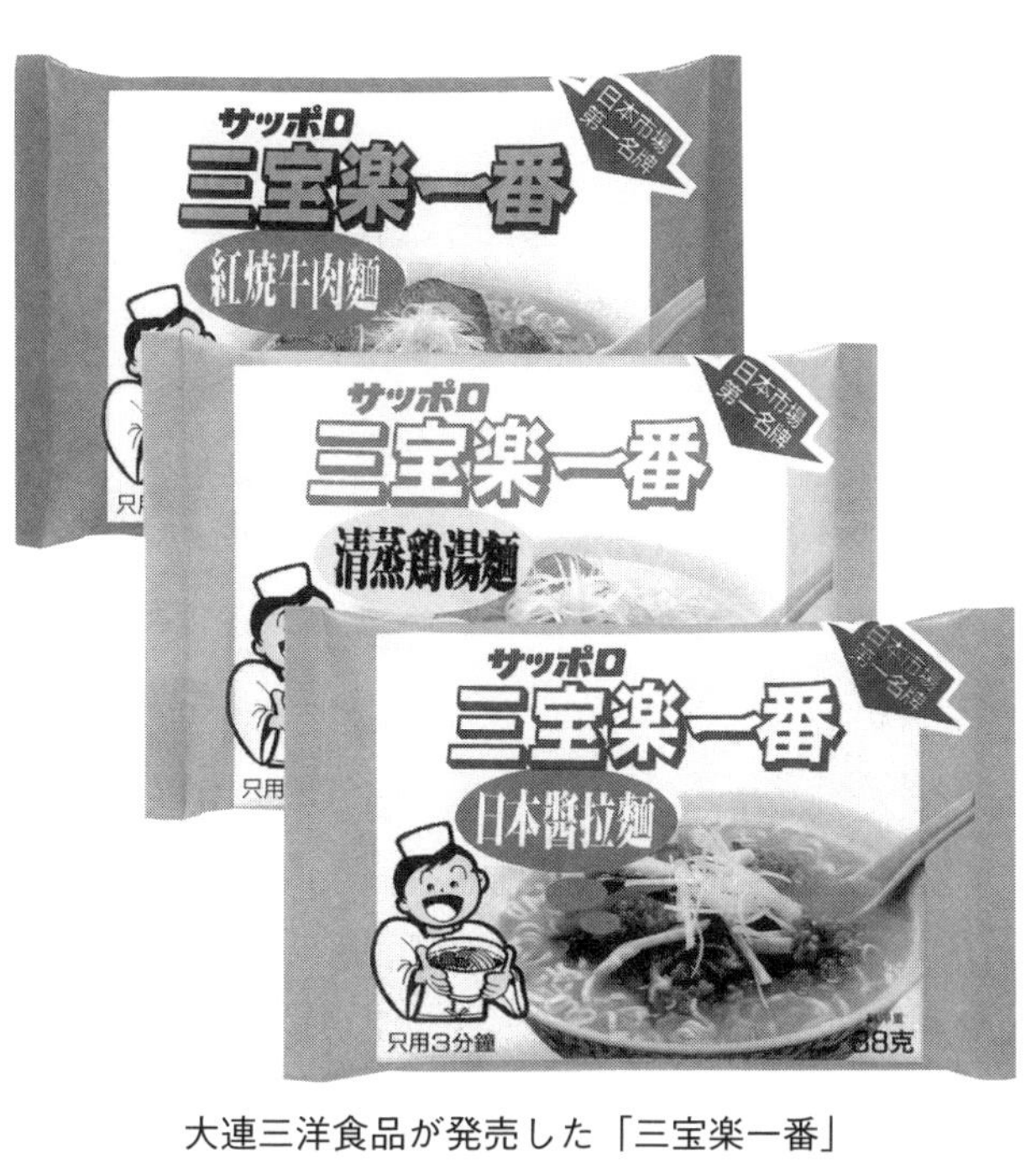

大連三洋食品が発売した「三宝楽一番」

で30%を超えるシェアを獲得していた。中国の即席麺業界は低価格メーカーと高価格メーカーに二極分化していたが、頂益は高価格路線で、売上高ベースではシェア45%に及んでいた。

このようにプロジェクトをスタートさせた1994年1月当初から2年ほどを経ただけで、中国市場は怒濤の変化を遂げていた。一見、混沌としていながら、早くも寡占市場が出来上がっていたのだ。

だからといって、純一郎にとって初めての大きなプロジェクトであり、手をこまねいているわけにはいかない。

ここで中国市場の特徴について触れておこう。人口数百万の大都市には7、8カ所、人口数十万の中都市には3カ所ほどの卸売市場がある。市場内やその周辺には無数の問屋が小さな店を構えて、売り棚や前の路上に商品を山積みにしている。そこに、地方の問屋や一般商店、食雑店などが仕入れに訪れる。もちろん、一般消費者もこれらの問屋で商品を購入できる。

中国での販促活動（中央・徐一民）

メーカーはこうしたおびただしい数の問屋の中から有力な一次問屋を探し出し、代理店として機能してもらえるのか見極めていく。有力と思われる問屋を見つけたら、直接交渉する。実績や経営者の能力、取引条件、評判などを総合的に判断して取引先を絞っていく。

幸いにして、「三宝楽一番」のサンプルを問屋に示すと、その味、パッケージの質など、中国市場を圧倒する康師傅の商品よりも良いという評価を得ることが多かった。

大連三洋食品の営業スタッフは、卸売市場にある問屋の開拓に加えて、4月10日の発表会と同時に各商場、百貨商店（デパート）、鏈鎮店（コンビニチェーン）などで販促活動を開始した。

例えば、「大連三洋食品」や「三宝楽一番」と書かれたリボンをたすき掛けにした営業スタッフが販売コーナーで商品紹介のチラシを配り、特徴の説明や試食を行った。5食買ってくれた人には、もう1食をプレゼントする。これが「買五贈一」という販促作戦だった。

もう一つの販促は、きれいなデザインで、ラミネート加工した紙袋「礼品袋」をプレゼントしようというものだ。中国では、ショッピングしてもお店から買った商品を入れる袋をもらえることはほとんどなかった。もらえたとしても品質が悪く、家に帰るまでに破れてしまうという有様だ。ここに目を付けて、「10食買ったら、高級紙袋を1つプレゼント」というキャンペーンを行った。大連の街中では、「三宝楽一番」のブランド名が入った紙袋がよく目立った。

ほろ苦い挫折

問屋開拓や各種の販促作戦が功を奏し、大連のある遼寧省以外にも、上海や北京、青島などの大都市、さらに黒竜江省、吉林省などにも「三宝楽一番」の販路を拡げることができた。

とはいえ、なかなか大量注文には至らない。「康師傅」をはじめとする上位ブランドが固定してしまっていて、その他のメーカーが付け入る余地がない。売り上げはある一定以上には伸びず、低迷した。

純一郎は大連三洋食品の苦難を語る。

「『中国市場はこれから』と思って進出したのですが、実情は大きく異なっていたのです。既に絶大な力を持つ頂益を前に、『サッポロ一番は日本一の即席麺メーカーで、商品も美味しいですよ』といくらアピールしても受け入れてもらえなかった。『私たちには康師傅があるからそれで十分』という状態。スーパーや問屋には『康師傅』が山積みで飛ぶように売れていく。そんなところで『三宝楽一番』を売っても全く歯が立ちませんでした」

こうした状況を目の当たりにしたときの毅の決断は早い。損害を最小限に抑えるために、最高の速さで動く。毅は、ことあるごとに「見切り千両」という言葉を使っていた。かつては、ボウリング場をオープンしたがブームの終焉とともに素早くやめたこともあった。毅は中国からの撤退を決断していた。

しかし、中国の国営企業を巻き込んだプロジェクトだけに簡単に終わりにするわけにはいかない。ことに丸紅としては切実な問題で、中国で即席麺以外にもさまざまな事業を抱えているから、中国との関係性を大切にしていた。単に大連三洋食品を閉鎖すればいいという問題ではない。

軟着陸させるために、建設した工場や現地社員などもそのまま生かせるような方策を探った。丸紅の努力によって、大連三洋食品は自らの前に立ちはだかった中国即席麺業界の巨人・頂益への工場売却交渉をまとめた。頂益にとっては、最先端の生産設備を備えた大連三洋食品の工場は価値があった。

最初の中国進出は失敗に終わり、「三宝楽一番」の発売開始から1年ほどで撤退となった。しかし、傷は最小限で食い止めることができ、なおかつ中国ナンバーワン、つまり世界ナンバーワンの生産数量を誇る即席麺メーカー頂益と関わりができたことは、後々サンヨー食品にとって大きな意味を持った。それだけでも中国へのファーストステップとしては価値があった。

前述したように、サンヨー食品の中国進出と前後して、日本の大手即席麺メーカーも多くが中国に進出した。各社ともそれぞれ取引のある大手商社や中国の製粉企業などと提携しての進出だったが、すべてが頂益の前に売り上げを伸ばせずに苦戦していた。

こうした中国進出組の中で、サンヨー食品の撤退はずば抜けて早かった。中国市場において自社ブランドで勝負できる可能性を冷静に判断した結果だった。毅の判断は中国におけるセカンド・ステップへ移りやすくしたという意味では、最高の結果につながっていく。

大病克服後の毅

大腸がんからの復活を果たした後、毅は健康を取り戻し、熟練の経営者として辣腕を振るっていた。長男の純一郎も入社し、後継の不安もなかった。

63歳になる1993（平成5）年の年頭には、さらに攻めるという熱意あふれる挨拶を行い、決意を表明している。

「今現在、私はいろいろな夢を持っております。一つの夢はサンヨー食品の事業規模を今の倍にすること。それは事業の多角化をもっと図るということです。多角化の一つとしてゴルフ場を始めましたが、現在国内では2か所経営し、手を付けております新規のゴルフ場が更に2か所ありますす。アメリカでもゴルフ場を展開しておりまして、すでに3つのゴルフ場を買収しておりまます。国内では、即席麺を主体に食品産業の一つのコンツェルン、企業の集合体をつくりたいなと

いう壮大な夢を持っております」（社内報『サンヨー』1993年1月号）

この言葉は実態のない単なる空想ではなかった。1994年には経営破綻した大手米菓・餅メーカー日東あられを支援。新たに設立した日東あられ新社として経営再建を目指し、その後、越後製菓と業務提携した。同時期に中国ビジネスのプロジェクトを立ち上げ、翌95年には大連三洋食品有限公司を設立し、96年には中国で「三宝楽一番」を発売した。加えてこの年には市原ゴルフクラブ柿の木台コースのオープン、原点でもある泉屋酒店の新築工事を完成させ、店頭販売部門の「いずみや」をオープンさせた。

毅は充実した60代の日々を送っていた。

日東あられ新社工場（岐阜県揖斐郡）

episode

ケタ違いの販売量

大連三洋食品では株主の一員である丸紅から出向した倉地正照が総経理に、サンヨー食品からは九州工場次長だった亀田良之が工場長となり、活動が始まった。

最新鋭のラインを導入したことによって生産は順調だったが、最大の懸案事項となったのは販売だった。

すでに頂益のブランド即席麺「康師傅」が市場を席巻し、新参者の即席麺を積極的に取り扱う問屋も少なく販路開拓は一筋縄では立ちゆかなかった。

そこで、本来であれば日本で海外事業を管理する立場の海外事業部長の吉沢亮が急遽、中国大連に駐在して販売の応援をすることとなった。吉沢はメーンバンクの一行である富士銀行（現・みずほ銀行）出身で中国のエキスパートであった。持ち前の行動力で大連のみならず東北地方まで出張して販路開拓を進めた。

吉沢が中国駐在となってから半年が過ぎたころ、毅に販売状況を報告するため一時帰国した。吉沢は毅に笑顔で報告した。

「販路開拓も徐々に進んできました。先日は大連にある大手問屋に年間千ケースの即席麺販売の約束を取り付けました」

ところが毅はその報告を浮かない顔で聞いてから、吉沢に語りかけた。

「吉沢さん。頑張って販売していただいたのに誠に申し訳ないが、販売数量の期待値は一桁違います。即席麺は大量生産大量販売が基本であり販売単位は1万ケースですよ」

喜び勇んで報告した吉沢の顔からは笑顔が一瞬で消え去った。

さらに毅は言った。

「思った以上に中国事業は苦戦している。このままでは赤字を垂れ流す事業となりかねない。せっかく苦労して立ち上げた会社ではあるが撤退を含めて再検討しよう」

毅の決断力とスピード感は常人では計り知れないが、この時も吉沢の報告で中国事業の厳しい現状を即座に把握して、素早い決断を下したのだ。

この迅速な決断が奏功し、次なる大チャンスに結び付いていく。

第14章

劇的な社長交代

2度目の大病

Ⅳ期に進行したがんを克服した毅には、再発の兆候もないまま数年が過ぎていた。事業の拡大を目指して順調に経営を続け、時には自分が手塩にかけて開発した富岡ゴルフ倶楽部でのプレーも楽しんだ。大好きなお酒も毎晩嗜み、旅行にもたびたび出かけた。

ところが、１９９８（平成10）年は年初から体調が思わしくなかった。呼吸に息苦しさを感じることが多くなった。喜代子は心配したが、毅は「ただの風邪だろう」と言って取り合わない。

2月のある日、ゴルフ場でプレー中あまりに息苦しくなってきたため中断し、病院を訪れレントゲンを撮ってもらうと、肺が真っ白くなっている。

前橋赤十字病院に緊急入院した。肺炎の一種というだけで、正確な病名は分からない。安静にしているのに病状は日増しに悪化し、息苦しさが増していく。入院時は普通に歩けたのに、いつのまにか歩行時には酸素吸入が必要となり、最終的には24時間ずっと酸素吸入をしていないと苦しくなってしまう状態にまで悪化してしまった。傍目には「もう1カ月くらいしか命がもたないのではないか」と思われるほどに急速に衰えていた。

純一郎は放射線医学総合研究所の研究者を務めている義父（妻の父）に専門医の紹介を頼んだ。こうして、肺の権威がいる聖路加国際病院を紹介してもらった。すぐに純一郎は聖路加国際病院、前橋赤十字病院の双方に話を通して、聖路加国際病院への転院が決まった。事態は緊急を要する。カルテを見た聖路加国際病院の蝶名林直彦医師は「一刻も早く聖路加に運んでください。このままでは数日の命ですよ」と言った。

すでに酸素吸入を行っても全く歩けなくなっていたので、３月、毅は救急車によって聖路加国際病院まで搬送された。

まず詳細な検査を行った。そこで判明した毅の病名は、間質性肺炎だった。間質性肺炎はリウマチに起因するとも言われ、肺胞壁に炎症や損傷がおこり、壁が厚く硬く繊維化してしまう。これがレントゲンの白い映像の正体だった。肺の組織が硬くなって、息が吸えなくなってしまったのだ。

聖路加国際病院の蝶名林医師は「ステロイド剤の大量投与で治る可能性が高いのですぐに治療しましょう」と喜代子や純一郎に力強く説明してくれた。すぐにステロイド剤の大量投与が始まった。大量投与とは言っても体調を見ながら投与量を調整していかなければならない。一歩間違えると、症状が悪化してしまう場合もある。だから、習熟した専門医でないと、できない治療法でもあった。

ステロイド剤の大量投与が始まると、もう幾ばくもない余命であるかのように思われた毅は、日増しに良くなっていき、なんと治療開始後2、3週間にして酸素吸入の量を減らすことができた。毅は薄紙をはぐように1日ごとに劇的に良くなっていった。

毅は再び死の淵から復活することができた。

「今日は決断の日」

１９９８（平成10）年6月は2年に1度の役員改選期だった。3月に瀕死の状態で聖路加国際病院に運び込まれた毅は、さすがに死を覚悟していた。ステロイド剤の大量投与で死の淵から生還したものの、病床で経営のバトンタッチを決断していた。

6月の役員改選期、まだ聖路加国際病院に入院していた毅は株主総会に出席し、社長交代を宣言することを決意した。

毅は、社長交代を心に秘めて6月29日の株主総会当日を迎えた。その日朝、ベッドに座った毅は「今日は決断の日である」と喜代子や純一郎に言った。自分が生きている間に正式な場で発議しなければ円満なバトンタッチはできないとの思いが毅にはあった。

役員改選の議長を務めるのは社長の毅だ。回復したとはいえ、外出時には酸素吸入が必要だった。病院から酸素ボンベを持ち出して、赤坂にある東京本社に出向き、議長席に着いた。

「社長を任期満了で降りる。後継の社長には井田純一郎を指名したい」

毅が社長交代を切り出す。十数人の取締役がどのような反応を示すか。毅は固唾をのんで場内の役員たちを見守ったが、全員の力強い賛同を得て、円満なバトンタッチが成立した。

純一郎がサンヨー食品に入社して6年間が経過していたが、若手社員と将来を語り合う姿や、中国事業で苦労しながらも、前向きに対応する姿を全役員が高く評価していたのであった。

相談役に退く

社長を退任した68歳の毅は会長職にも就かなかった。サンヨー食品では相談役となった。45歳で就任してから23年間の社長職だった。それまでカミソリ専務と言われた時代から40年以上にわたって仕事漬けの人生を送ってきた。

「食品産業のコンツェルンを築きたい」という壮大な夢はいまだ道半ばではあったが、会長にも就かず一気に相談役へと身を引いた。長年にわたり毅を支えてきた井田信夫副社長も、気力・体力ともまだまだ充実していたが、後進に道を譲って毅と同時に相談役に就いた。

毅は「社長室はお前が使え。私の部屋は要らない」と言って、相談役としての部屋を持たなかった。「私が行くとみんなが私に気を使って、お前がやりづらいだろうから、私は会社に行かない」と言うのだ。実際、相談役に退いてから、毅はほとんど出社することはなかった。

また、相談役となった信夫も「社長就任を祝う」と題するメッセージを寄せ、「此処3年位前から食品業界を取り巻く環境が急激に変化し始めております。大嵐の中の航海です。取締役各員は、各々航海士です。全員で頑張って、次の港へ入港出来る事を心より祈念して居ります」と純一郎ら新しい経営陣を激励した。

株主総会の翌朝、毅はある短歌をしたためた。

「長かりし　二十三年社長業　ゆずりし後に　青い空見る」

この歌は、やり終えたという充実感とほんの少しの未練を感じさせる。いまだ燃え尽きていな

1999年の年賀式で挨拶する新社長の純一郎

い。この「ほんの少しの未練」がやがて最後の大仕事となる、ある決断につながっていく。

新社長となった純一郎は弱冠36歳。純一郎はこれまで長年にわたって毅を支えてきた古参社員を信頼し、全役員をそのまま留任させて新体制をスタートさせた。ドラスティックな改革は行わず、毅が築き上げたレールに少しずつ継ぎ足していくという経営方針をとった。「僕は父を支えてくれた役員を信頼しているし、役員も父を信頼し、僕のことも信頼してくれていると考えました」と純一郎は語る。そんな純一郎の姿を見て、毅も安心して後を託すことができた。

毅の右腕だった慶徳は、毅から純一郎へのバトンタッチが円滑に進むよう裏方として各部署とコミュニケーションを密にし、準備万端整えた。

社長交代が順調に進むと、慶徳は、これまで経営者として社業を盛り立ててきた毅の偉業を記録に残し、区切りを付けるという意味で社史を1年がかりで編纂した。それが『味とまごころの交差点　サンヨー食品　45年のあゆみ』だ。

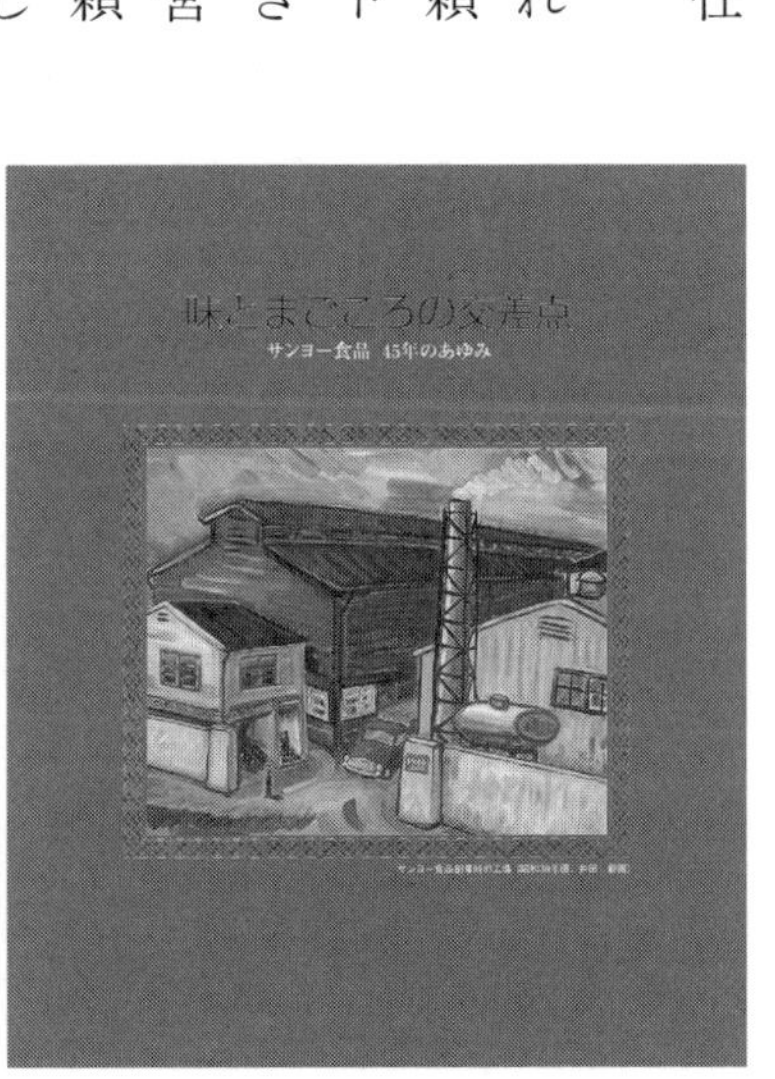

社史『サンヨー食品 45年のあゆみ』

中国でM&Aを狙う

最初の中国進出は失敗したが、毅や純一郎は決して中国事業を諦めたわけではなかった。人口

13億人の市場は見過ごせない。自社ブランドで進出するのは無理だと分かったが、M&Aによってある程度のシェアを持つ企業を傘下に収めるチャンスをうかがっていたのだ。

大連三洋有限公司において現場で陣頭指揮を執り、引き続き海外事業部長を務めていた吉沢亮・元専務取締役は、M&Aのチャンスを掴むべく、普段から中国の経済情報に目を光らせていた。中国市場に精通した吉沢も毅、純一郎と同様、頂益への一極集中マーケットという中国市場の特殊性を分かっていた。それなりの大きさを持つ現地企業を手に入れるしか進出の道はないと判断していた。

1999（平成11）年4月29日、吉沢は日本経済新聞の朝刊に「頂益経営危機」という見出しの付いた小さな囲み記事を発見した。見過ごしてしまいそうな小さな記事だった。記事は、中国最大の食品会社である頂益がアジア通貨危機の影響を受けて経営悪化、ライバル企業の統一に支援を求めているというものだった。

早速、吉沢と毅、純一郎は対応策を話し合った。相談役になって大抵の案件からは遠ざかったというものの、中国、しかも相手が頂益となれば話は別だ。日本経済新聞の記事を読むと、統一による支援が既定路線のようにも読み取れるが、実際はどうなのか。

「ひとまず頂益に記事が真実なのか問い合わせてみるべきだろう。話はそれからだ」

毅は頂益の魏（ウェイ）應州董事長（社長）とは大連三洋食品を買収してもらったときに会っている。かつては窮地を救ってもらった仲だ。

毅の一言を受けて、吉沢は頂益に電話をかけ、「日本経済新聞に頂益が経営危機で統一と資本提携するという記事が出ているが本当か」とストレートに聞いた。頂益サイドも包み隠さず答えた。

「経営危機は事実だが、統一との話は何も決まっていない。もしサンヨー食品に提案があるのなら、すぐに話を聞きたい」

「これはチャンスがある」と考えた吉沢は、すぐに3人で相談した。3人ともに共通しているのは、まさか中国最大の即席麺メーカーである頂益が経営危機になるとは思わなかったということ。

中国企業のM&Aを考えていたのは事実だが、それもせいぜい3番手か4番手かという現実的な路線を考えていたから、まさか最強のブランド力を持つ頂益と提携するチャンスが巡ってこようとは。3人とも心が高揚せざるをえなかった。

まず、純一郎と吉沢が頂益本社のある天津に飛んで、早速ミーティングを行った。対する頂益は魏董事長と財務担当役員の2人。頂益サイドの話をまとめると、①アジア通貨危機の影響で資金がまわらなくなった②銀行借り入れの返済日や社債の償還が重なりキャッシュフローが一層悪化③具体的に不足している資金は200億円④アジア通貨危機の影響で中国経済も停滞しているから売り上げはダウンしているものの極端な赤字ではない――といった状況だった。売上高は約600億円もあったが、支援を得られなければ経営破綻は避けられない状況だった。

頂益との資本提携

純一郎と吉沢は帰国して、早速毅に報告すると、毅は「今こそ早急に進めるときだ」と宣言した。国際法律弁護士と国際企業会計士を加え、早速企業評価を行い、2週間ほどで終了させた。

交渉は来日した魏董事長、財務担当役員と、毅、純一郎、吉沢の5人。この席上、毅は、頂新グループの持つ頂益株式の半分を170億円で買い取ると提案した。当時の頂益の株価は暴落しており、これまで頂益と交渉してきた企業はずっと低い買収価格を提示していた。

毅の提示は、株価からすれば約2倍ほどであるが、毅は収益力と資産価値を総合的に判断した上で決して高くはないと計算した。頂益側が望む200億円にそれほど離れている額ではなく、受け入れやすい価格だった。

そして、何よりも魏董事長の心に刺さったのは、毅の「イコールパートナーになろう」という提案だった。

「持ち株をぴったり揃えて共同経営しましょう。そのかわり経営は魏さんに任せたい。董事長は引き続き魏さんがやってください」

日本経済新聞に報道された統一との提携が暗礁に乗り上げた大きな理由が、経営権の問題だった。統一は、資金支援の条件として経営権の譲渡を求めた。魏董事長はもともと台湾の中小の製油メーカーだった頂益を、中国大陸の即席麺事業に進出することによって、圧倒的ナンバーワンのシェアを誇る企業に育て上げた。手塩にかけた会社の経営権を簡単に譲ることはできない。

毅は単に義理人情だけで経営を魏にそのまま任せようと考えたわけではない。これまでの経験から、日本

資本参加の調印を終えて。左から魏應州、毅、純一郎

人に中国企業の経営は無理だと判断した。だから良い条件であってもサンヨー食品が経営をしたら頂益の立て直しはできないだろう、ならば経営は魏に任せよう、とはいえ、支援をするわけだから対等な立場で経営するのがいいのではないか。そんな考えだった。

これはエースコックの時と同様で、異なる企業文化を持つ会社に踏み込んでいって経営権を握っても反感を買うこともあるだろう。それよりもあえて経営をそのまま続けてもらうことでやる気や活力を引き出した方が、うまくいく可能性が高い。

そんな毅の提案は、魏董事長にとっても願ったり叶ったりだった。魏董事長はその場で「それでいきましょう、その条件で問題ありません」と答え、提携が決まった。

サンヨー食品と頂新グループは、1999（平成11）年6月、提携契約に合意し、サンヨー食品は頂新の持つ頂益株の33・14％、13億8千万株を1株0・8香港ドルで買収した。約170億円である。魏が引き続き董事長、そして毅が副董事長に就任した。

頂益はその後も苦戦が続き、翌年にはもう一度増資が必要になり、当初と合わせてサンヨー食品は200億円ほどを投入した。

サンヨー食品による一連の頂益支援は、外部から「無謀な賭けであり、失敗するのではないか」と酷評された。しかし、突出した康師傅ブランドの偉大さを知る毅、純一郎、吉沢の3人にとっては、千載一遇のチャンスであり、成功の確信が揺らぐことはなかった。

V字回復した頂益

1999（平成11）年、資本提携した年、頂益は3600万ドル（当時の為替相場で約40億円）

の赤字だったが、中国経済のデフレが終わり消費が盛んとなったこともあり、翌年は逆に4000万ドルの黒字へと劇的に好転した。もちろん、消費回復という追い風もあったが、何よりも資金面での不安も経営権の不安もなくなった頂益経営陣が懸命に改革を断行した成果でもあった。

また、サンヨー食品と頂益は即席麺の生産管理や品質管理について技術協力契約を結んだ。頂益からは年2回技術関係者が10人ずつ来日し、サンヨー食品で研修を受けた。逆に、サンヨー食品からは技術者が年2回中国に出向き、2週間の実地指導を行うというものだった。当時、頂益は年間50億食もの即席麺を生産していた。だから、生産効率のアップによるスケールメリットは計り知れないものがあり、例えば1食当たり10銭のコストダウンであっても、年間5億円もの利益増につながるのだ。

2002（平成14）年、頂益は社名をブランド名でもある「康師傅」に変更した。康師傅にとって、サンヨー食品との提携が再上昇の契機となった。即席麺を柱に飲料・菓子事業を合わせ、アジア最大の食品メーカーを目指して躍進を続けていくことになる。また、大連三洋食品時代に活躍した徐一民は康師傅との提携後も、大きな戦力となった。

一方、康師傅との提携を実現させ、その後、康師傅の経営も立て直すことができ、再び上昇に向かう様子を見た穀は満足感でいっぱいだった。中国の即席麺業界の事情を詳しく知らない者から見れば、一度は失敗している中国ビジネスに200億円もの資金を投入するのは、大きな博奕だと考えてしまうのが普通だった。実際、反対する者も少なくなかった。

だが、康師傅という会社の価値・潜在力を冷静に見極めた穀からすれば、むしろ割安な投資ですらあった。康師傅のV字回復によって、判断が正しかったことを確認でき、穀は喜んだ。しかも、康師傅の今後の成長次第で、食品産業のコンツェルンという夢の実現が視野に入る。毅には大きな仕事をやり終えたという充実感があった。

サンヨー食品と康師傅の提携は、後に最も成功したＭ＆Ａ事例の一つと称されることになる。

「サッポロ一番」のカップ化

毅から純一郎へのバトンタッチのタイミングで、毅が社長として最後に決断したヒット商品について触れておこう。

それが、「サッポロ一番」シリーズのカップ化だった。日本最高峰の袋麺ヒット商品である「サッポロ一番」シリーズがそれまでカップになっていなかったということ自体意外な感がある。

もちろん「サッポロ一番」の味をカップでも楽しみたいというユーザーからの要望は多くあった。開発担当も折に触れ、チャレンジしてきた。しかし、鍋で調理したような味を、カップにお湯を注ぐだけで再現するのは決して容易なことではなかった。カップに入れる具材と出来上がったときの味のバランスを完璧な状態に仕上げるのも難しかった。

袋麺の「サッポロ一番」に熱烈なファンが多数存在するだけに、中途半端な状態での商品化は、かえってファンの期待を裏切ってしまう。「サッポロ一番」開発者として井田毅は完璧主義者であり、何よりもこだわりがあった。開発担当からの試作提案にもなかなかＯＫを出すことなく、年月が流れていた。

「サッポロ一番どんぶり」

しかし、日本では少子高齢化が急速な勢いで進み、調理することなく簡単便利に「サッポロ一番」を楽しみたいという要望は年々増えていた。

こうした消費者の意向を受け、開発担当もついに袋麺の味わいを完璧に再現したカップ化をなしとげ、自信を持って試食の場に臨んだ。開発担当は毅の反応を固唾をのんで見守った。

「この商品なら、必ずお客さまの期待に応えることができる」

こうして、長年の懸案だった待望のカップ版「サッポロ一番」シリーズの発売が決定した。

袋麺は野菜と一緒に食べる場合が多い。この食味を想定し、カップ麺ではあるものの、野菜を加えて煮込んだような奥深い味に近づけるとともに、具材には大量の野菜を使用した。

「この商品は大ヒットする。売れすぎて欠品しないように生産体制を整えてから発売するように」

と毅は指示した。新発売に合わせ、工場では製造ラインを大改造し、発売に備えた。

ネーミングは「サッポロ一番どんぶり」と決定した。みそ、塩、しょうゆ味の定番3種類のラインアップだ。テレビＣＭには、おなじみの藤岡琢也が登場し、「お待たせしました。サッポロ一番がどんぶりになりました」とアピールした。

生産体制は十分に整備し大量生産に備えての発売だったが、結局、発売直後から品切れとなるスーパーが続出する記録的な大ヒットとなった。１９９８（平成10）年11月に発売し、翌99年には「日本食糧新聞社　食品ヒット大賞　優秀ヒット賞」を受賞した。

純一郎が新社長に就任して間もないタイミング。「サッポロ一番」を開発した毅からの、力強いエールとなった。

無借金経営の秘密

毅は、各地につくった最新鋭の工場建設からはじまって、ゴルフ場の買収・建設、エースコックや康師傅との提携など、多岐にわたる事業への投資をすべて無借金で行ってきた。質素倹約に努めてきただけで、容易に実現できることではない。

高い収益力と経費削減の両立ということが大前提だ。そして毅が重視してきたことの一つが、経理部門に優秀な人材を投入することであったのではないだろうか。メーカーとして重要なのは商品力、そしてそれを売り込む営業力。これら両面に脚光が当たりがちだ。毅自身が、ものづくりに対する優れた感性の持ち主であったから、どちらかといえば、経理部門はおろそかになると考えるのが一般的だろう。

しかし、毅は芸術的な才能、天才的なものづくりの才能を有する一方、数字の読解力、分析力に対しても群を抜いていた。

だからこそ、経理の重要性を理解し、細かい数字に至るまでチェックを怠らず、1円の無駄も認めないという緻密さを持ち合わせていた。

企業の規模が飛躍的に大きくなる中で、社長業を務める毅が会社におけるすべての数字を一つずつチェックするのは不可能だ。だから、経理部門に優秀な人材を配置した。

大企業レベルの経理部構築に力を尽くした最初の人材が、渡辺勝太郎だった。渡辺は、サンヨー食品がアメリカ進出を果たす1978（昭和53）年に、メーンバンクの一行である群馬銀行から出向してきた。

渡辺は経理部長や常務取締役としてサンヨー食品グループの経理部門を厳しく管理し、近代企業としての基礎づくりに貢献した。常務取締役を退任後も常勤監査役としてグループの経理部門に携わった。

メーンバンクの一行である東京銀行（現・三菱東京ＵＦＪ銀行）から出向してきた池田清一・元専務取締役はサンヨー食品経理部門の国際化を推進した。池田の後任として経理部に途中入社した大淵広明（現・サンヨー食品専務取締役）は、毅から「サンヨー食品グループ各社に関するあらゆる数字、お金の出入りをチェックしろ」と言われていた。

とかく80億円で買収、２００億円で資本提携という大胆な投資ばかりが喧伝されがちだが、無駄は1円たりとも認めないという緻密さがあった。

毅は経理部員たちには「ガソリンの1円に至るまで無駄なコストを省け」と徹底していた。だからこそ、いざというときに豊富な資金をためらわずに投入できたのだ。バブル崩壊以降のデフレ経済下では、こうしたコスト削減に動く企業は決して珍しくはないが、毅は高度経済成長の時代から一貫して実践してきた。だから、会社に豊富な資金をたくわえることができた。

また、毅はともすれば守りに徹するイメージのある経理に攻めの価値観を植え付けた。１９７５年に入社と同時に経理部に配属された秦正雄（現・サンヨー食品常務取締役）は、毅から「国税局に対しても納得できないことはきちんと主張しなさい」と叩き込まれた。

「税務調査では、いろいろな指摘があります。工場には予備のオイルを入れたサービスタンクがあり、それを棚卸しで計上しませんでした。税務調査では『予備とはいえ在庫である』と指摘してきたので、毅社長に報告すると、一喝されたんです。『何、言ってるんだ。じゃあ、運送会社のトラックの中にガソリンは残ってないのか。全国を走り回っているトラックを全部調べているのか。予備なんていうのはそういうものだろう。ちゃんと主張しなさい』と。瞬時にそういうたとえ話が出てくる、頭の回転の速さにも圧倒されましたね」

半世紀に及ぶ徹底的なコスト削減の歴史を持ち、いざというときには主張する姿勢のある経理部門こそが、毅の無借金経営を影から支えてきた。

そして、このような経理部門を長年にわたってバックアップしてきたのが公認会計士の横田秀治（元・群馬県公認会計士協会会長）だ。外部から会計・税務の専門知識をもって厳正に助言・サポートしてきた功績は大きい。

episode

毅の兄弟姉妹たち

毅は井田家の長男として6人の兄弟姉妹たちを可愛がり、常に気にかけていた。

5歳年下の次男信夫は大学卒業後、東京の酒問屋に勤務していたが、即席麺事業を手伝うためにサンヨー食品に入社した。即席麺事業を営業面で牽引し、毅が社長に就任すると同時に副社長に就き毅をサポートした。群馬県での財界活動にも熱心に取り組み、前橋商工会議所や、群馬経済同友会では役員を務めていた。その後、毅とともに相談役となり、長年にわたってサンヨー食品を支えてきたが、2015年8月27日、80歳で生涯を閉じた。

後日開催された「お別れの会」では、信夫が後援会長を務めていた中曽根弘文参議院議員が実行委員長として式辞を述べ、実行委員は、曽我孝之・前橋商工会議所会頭、斎藤一雄・群馬経済同友会代表幹事、糸井義一・前橋商業高等学校同窓会会長と井田純一郎・サンヨー食品社長が務めた。

毅とは14歳離れていた四男の努も1969年にサンヨー食品に入社し、長い間、広告宣伝部門の責任者として、「サッポロ一番」ブランドのPRに努めてきた。その後、子会社の太平フーズに移り、1992年から20年以上にわたって社長を務めている。サンヨー食品に関わったのは、この二人。

長女のとよ子は、毅より2歳年上の姉。とよ子が嫁いだ細渕家が営んでいた乾麺業を引き継いだのが富士製麺だった。富士製麺で乾麺事業に習熟していなければ、いきなり即席麺業界への進出は難しかっただろうから、兄弟姉妹のつながりが即席麺業界への進出のきっかけとなったとも言える。夫の細渕久雄は株式会社細渕の経営に加え、2000年に亡くなるまで長きにわたってサンヨー食品で監査役を務めた。一方、社会的な要職を数多く務め、1993年から1994年にかけて前橋ロータリークラブ第2560地区ガバナーとして活躍した。

次女久子と三女の玲子は結婚し、それぞれ鈴木姓、新井姓に変わった。

三男の明夫は大学を卒業後、丸紅に入社し、1992年には軽包装用の樹脂・製品分野を分社化した丸紅プラネットの社長に就任したという経歴を持つ。

康師傅を牽引する魏應州董事長は7人の兄弟姉妹の長男。井田毅と同じ境遇だった。魏氏の父が台湾で1958年に起こした製油メーカーが頂新グループの起源。魏氏は一族兄弟姉妹を牽引して、中国を代表する食品企業グループをつくりあげた。毅とサンヨー食品によく似ている。こんな境遇を知った毅が魏氏に、より親近感を持ったのは言うまでもないだろう。

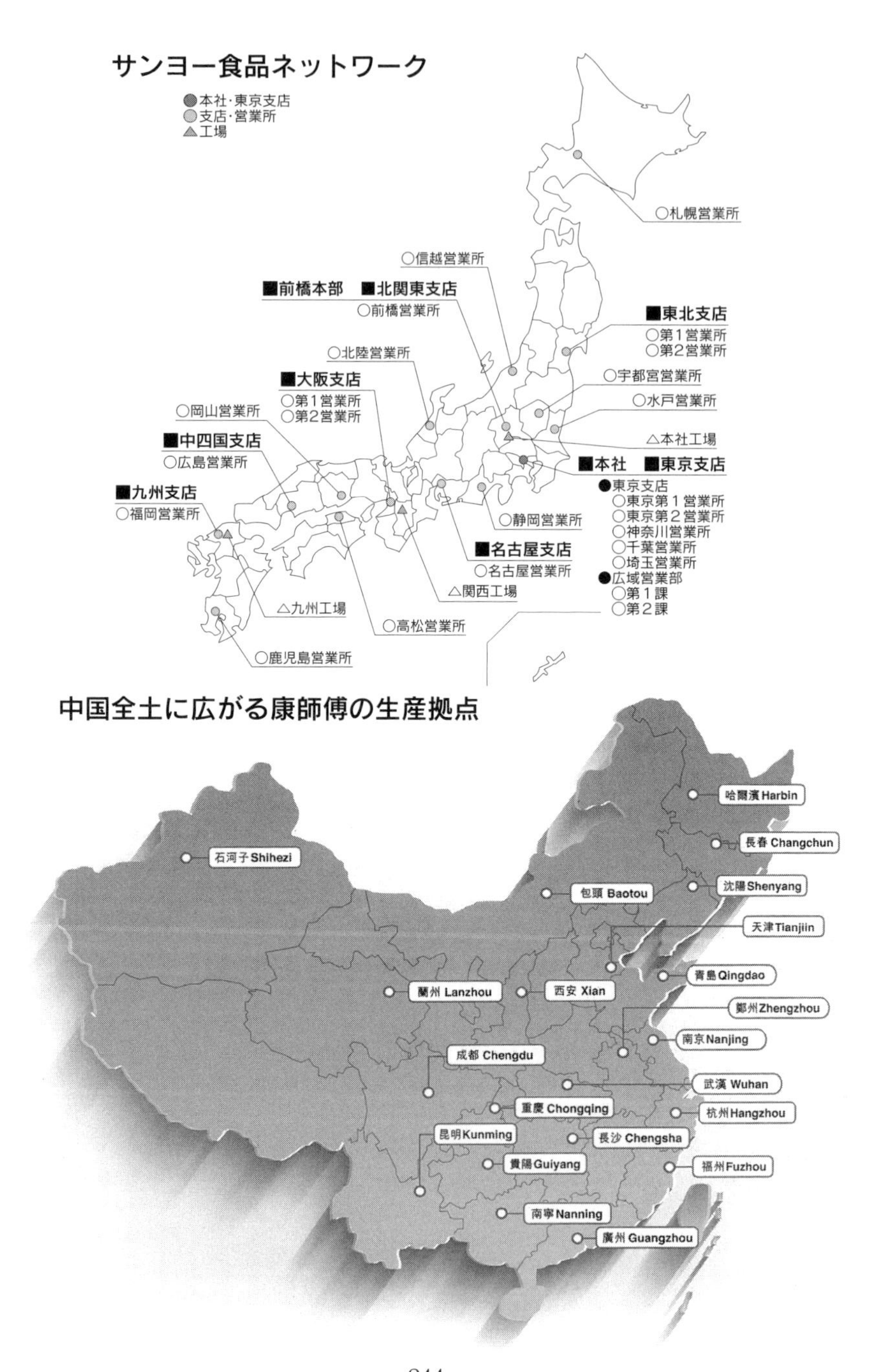
サンヨー食品ネットワーク
●本社·東京支店
●支店·営業所
▲工場
○札幌営業所
○信越営業所
■前橋本部　■北関東支店
○前橋営業所
■東北支店
○第１営業所
○第２営業所
○北陸営業所
○宇都宮営業所
■大阪支店
○第１営業所
○第２営業所
○水戸営業所
○岡山営業所
△本社工場
■中四国支店
○広島営業所
■本社　■東京支店
●東京支店
○東京第１営業所
○東京第２営業所
○神奈川営業所
○千葉営業所
○埼玉営業所
●広域営業部
○第１課
○第２課
■九州支店
○福岡営業所
○静岡営業所
■名古屋支店
○名古屋営業所
△関西工場
△九州工場
○高松営業所
○鹿児島営業所
中国全土に広がる康師傅の生産拠点
哈爾濱 Harbin
長春 Changchun
石河子 Shihezi
包頭 Baotou
沈陽 Shenyang
天津 Tianjiin
青島 Qingdao
蘭州 Lanzhou
西安 Xian
鄭州 Zhengzhou
南京 Nanjing
成都 Chengdu
武漢 Wuhan
重慶 Chongqing
杭州 Hangzhou
昆明 Kunming
長沙 Chengsha
貴陽 Guiyang
福州 Fuzhou
南寧 Nanning
廣州 Guangzhou

第15章

東のラーメン王は永遠に

絵を描く日々

1998（平成10）年に相談役に就任した毅は出社することはなくなったが、康師傅との提携に当たっては、純一郎とともに陣頭指揮を執り、経営者としての総決算として、その決断には素晴らしい冴えを見せた。

その後、時間に余裕ができると毅は絵画に没頭した。もともと母きくの才能を受け継ぎ絵心はあった。先に述べたように、自社工場や社屋、ゴルフ場のデザインは毅が手がけてきた。普段から絵画展などには頻繁に足を運んでいた。いつかは自分で油絵を描こうと考えていたのだ。

毅はこれと決めたものに対しては常人の及ばない集中力を持って立ち向かう。その「熱」は即席麺の開発でもゴルフ場づくりでもそうだったし、あるいは将棋や麻雀などの趣味でも同じだった。

もともと美的センスに恵まれていたこともあり、技法の習得とともに、たちどころに油絵は上達し、次々と作品を仕上げていった。その作品は風景画や静物画、人物画などさまざま。風景画は群馬県内の山々が多く、また、中国進出でたびたび訪れた中国の風景も描いた。相談役となって

日清製粉グループ本社・正田修名誉会長相談役と毅

から亡くなるまでの14年の間に、4回の個展（1998、2003、2007、2011年）を東京と前橋で開催し4冊の画文集を出版した。

最後の個展となったのは、2011年の秋。東京・銀座のギャラリーと前橋の市民文化会館で開催した。風景画・人物画・静物画など全34点を展示。その中でも一際注目を集めたのが、毅の代表作の一つ「谷川岳の日之出」だ。厳冬の谷川岳一ノ倉沢をリアルに描いた作品。青春時代の山歩きを回想して描いたもので、浮き立つような谷川岳の荘厳さが伝わってくる。

実り多き晩年

相談役となって第一戦から身を引いたとはいえ、毅は康師傅など重要な案件では随所で井田純一郎社長の決断に力を貸してきた。ゴルフ場や泉屋酒店などは引き続き社長を続け、また、純一郎が社長就任後間もなく巡ってきた日本即席食品工業協会の理事長職は相談役の毅が務めた。これは社長時代に続き2度目の就任だった。日本即席食品工業協会は2015年創立50周年の記念誌『競争と協調の50年』を発刊したが、かつては激しい競争だけだった即席麺業界に「協調」という概念を提唱したのは、理事長時代の毅だったことは記憶にとどめ

丸紅・辻亨名誉理事と毅

ておきたい。

　カミソリ専務と言われた時代から、約40年にわたって即席麺業界を牽引してきた毅だけに、社長時代も数々の受賞の機会に恵まれた。一例を挙げれば、「農林水産大臣賞」（１９８９年・１９９５年）、「藍綬褒章」（１９９０年）、「厚生大臣表彰」（１９９６年）などがある。相談役になって以降、その総決算として社会的により高い評価を受ける機会が増えた。

　２０００（平成12）年４月29日には、春の叙勲者が発表され、毅は「勲四等瑞宝章」を受章した。サンヨー食品の経営者としてはもちろんだが、日本即席食品工業協会の理事長としての団体統率手腕が評価されたのだ。

　２００３年にはサンヨー食品創業50周年を迎え、２００７年10月には３回目となる個展に加え、喜寿を迎えた。

　翌年10月、毅は「第41回　食品産業功労賞」（日本食糧新聞社制定）を受賞した。この賞は、日本の食品産業の発展と隆盛に貢献し偉大な功績を残した人物が対象となり、生産、技術、流通、外食などの部門があった。毅は生産部門での受賞だった。その受賞理由は、「サッポロ一番」をはじめとする一世を風靡したブランドの数々を生み出したこと、天性の経営感覚と大胆な決断力、日本即席食品工業協会理事長としてのリーダーシップなどだった。

　この時、同時に「第17回　食品安全安心・環境貢献賞」（日本食糧新聞社主催）が発表され、

勲四等瑞宝章受章時の毅と喜代子

サンヨー食品のスープ製造を担う太平フーズが受賞した。太平フーズの社長を務めるのは、毅の弟として長年にわたって社業を支えてきた井田努だ。

井田毅・努兄弟の同時受賞は、日本食品業界初の快挙と話題となった。リーマンショック直後、経済状況は世界恐慌の勃発かと連日新聞紙面を賑わせるほど、不透明だったが、この日ばかりは毅や純一郎、そしてサンヨー食品に関わる人々は喜びに包まれた。そして努の受賞を誰よりも喜んだのは、井田家の長男として兄弟姉妹を慈しんできた毅だった。

２０１０年には康師傅との提携10周年を記念し、祝賀会を富岡ゴルフ倶楽部で盛大に開催した。康師傅の魏應州董事長とファミリー総勢28人を群馬に招いた。毅はパーティー冒頭、康師傅との出会いについて語った。

井田毅・努兄弟の同時受賞

「運という漢字がある。軍隊を運ぶ、という意味だが、どんなに懸命に努力しても報われない人もいれば、そう努力しなくても報われる運の良い人もいる。私は魏さんと巡り合った、ということで大変運が良かったと思う。これも何かの縁だ。この縁を大切にしたい」

毅の言葉に魏應州董事長も応えた。

「井田毅相談役には提携以来、大変お世話になっている。この10年で康師傅は大きく飛躍・成長したが、これからもサンヨーと力を合わせてもっと発展・成長させていきたい」

この年11月には、「サッポロ一番みそラーメン」が「食品産業技術功労賞」（食品産業新聞社）を受賞した。１９６８年に発売以来トップブランドとしてロングセラーを続けている「サッポロ一番みそラーメン」のマーケティングや商品の見直し、販売努力、プロモーション活動などが総合的に評価されての受賞だった。このとき、毅は主催者である食品産業新聞社のインタビューに次のように答えた。

「ロングセラーに対するご評価に加え、長年ご愛顧いただいているお客様に『変わった』ではなく『おいしくなった』と言っていただくため、当社のノウハウを総動員して慎重に慎重を重ねた、長く大変な見直し作業に対するご評価と受け止めています。『サッポロ一番みそラーメン』にいただける賞ということが感慨深く、とにかく〈嬉しい〉の一言に尽きます」

（社内報「サンヨー」２０１１年1月号）

食品産業功労賞を受賞する毅

間質性肺炎から復活して以降、健康状態もまずまず安定し、これまでの実績に対する社会的評価も高まって、さらに好きな油絵を満足ゆくまで描き、子どもや孫たちにも恵まれた毅の晩年は、実り多く幸福な時間となった。

即席麺シェア世界一に

毅が相談役に退いてからも日本経済は概ね停滞期を続けていた。「失われた10年」はいつしか「失われた20年」といわれる先行きの見えない長期低迷が続いた。

長く続くデフレ経済の中、純一郎は堅実な経営を続け、２０１４（平成26）年度はサンヨー食品グループ全体（連結決算）の売上高を１７１３億円、経常利益２４４億円にまで拡大させていた。社長就任時の売上高は約１０００億円だったから、その着実な成長ぶりが分かる。

２００９年にはサンヨー食品よりも早い１９６０年に即席ラーメン業界に参入していた九州の名門即席麺メーカー・マルタイ（本社：福岡県福岡市）と資本・業務提携を結んだ。マルタイは、棒ラーメンとして有名な「即席マルタイラーメン」や「長崎ちゃんぽん」「長崎皿うどん」などのブランドを持っている。

一方、海外に目を転じてみると、２０１３年にはシンガポールの上場企業で世界屈指の農産物商社「Olam International Limited」（以下、オラム）と共同で、ナイジェリアで即席麺を製造・販売する合弁会社オラム・サンヨー・フーズ・リミテッドを設立した。ブランドは「Cherie」シリーズで、年間５億食の生産体制、市場シェア15％を目指している。もちろん、サンヨー食品の技術供与により高品質の商品づくりで市場を開拓していくのだ。

オラムとの１年間の共同事業の結果、信頼関係が築かれ、２０１４年８月には即席麺にとどまらず加工食品事業全般を共同で実施していく提案を受けた。西アフリカ最大の総合食品事業への

上海に完成した康師傅の本社

出資案件はサンヨー食品にとって千載一遇のチャンス。純一郎の素早い決断の下、一気呵成に事業査定を行い、案件をまとめ上げた。オラムというアフリカで最良のビジネス・パートナーとの出会いは、サンヨー食品に新たなる展開をもたらすはずだ。

グループ企業のエースコックは１９９３年にベトナムにいち早く進出、合弁会社ビフォン・エースコックを設立。エースコックとしても社業をさらに進展させるために海外進出を志した。そんなエースコックの姿勢を毅も積極的に応援した。進出から8年後の２００１年には、ベトナムでシェアナンバーワンとなり、２００４年にはエースコックベトナムへと社名変更。現在、ベトナムで約30億食ほどの生産量を誇る。さらに２０１５年にはミャンマーにも進出している。

そして、毅が陣頭指揮を執った最後のビッグビジネスの産物である康師傅は、中国の爆発的な経済成長とともに拡大し、提携当時の１９９９年に約６００億円だった売上高は、２０１３年、なんと1兆円を超えた。毅は晩年、喜代子に「康師傅が売上高1兆円を超えたよ。中国で成功する夢が実現した。本当に良かった」と伝えた。中国は今や年間５００億食を消費する即席麺大国で、世界需要の半分に及ぶ。この中国における金額ベースの市場シェアは約5割を誇っている。

康師傅は２０１１年に毅の承認を得た上でペプシコーラ中国法人を傘下に収め、飲料事業でも中国ナンバーワンを目指している。

２０１４年現在における世界全体の即席麺総生産量は１０２７億食。このうち、サンヨー食品に加え、エースコック、康師傅などのグループの生産量を合算すると２００億食。世界シェア２割は、世界一と推測される。

「太平洋・大西洋・インド洋を股にかける」「食品コンツェルンを築く」という毅の夢は、その志を継いだ純一郎や社員たちによって、今まさに実現しようとしている。

含蓄ある言葉

毅は味覚の天才であり、天性のものづくりの才能があった。しかし、毅の能力はそこにとどまらず、経営者としての緻密な計算力はもちろん、商品のネーミングを自ら手がけたことからも分かるように、言葉に対する鋭敏な感覚も備えていた。そして、毅の発する言葉は社員をはじめ周囲の者たちの行動を左右する原動力にもなった。ここでは、毅の放った言葉の数々をまとめて紹介したい。

「たどり来て未だ山麓」

将棋の故・升田幸三九段の座右の銘だったが、毅もこの言葉を半ば座右の銘のように好んで使った。どんなに大きくなっても原点を忘れず、常に情熱や若さ、謙虚さを持って前に進んでい

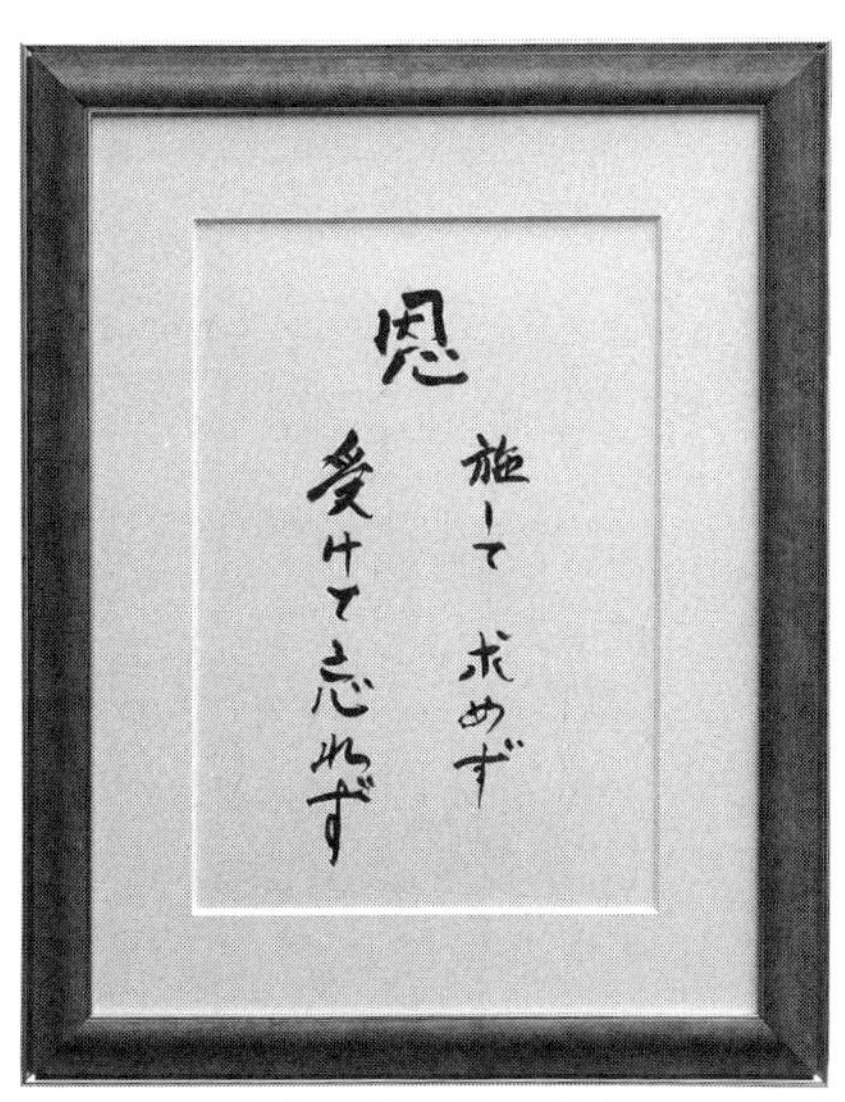

座右の銘　井田毅書

く。この言葉には、そんな毅の人生訓が凝縮されている。

「一寸先は光」

有頂天の時にはえてしてつまずいてひっくり返る恐れがあるから用心すべきだが、逆にどうにもならないときには、もう少し辛抱すればすぐに明るくなるから頑張れ、という意味だ。絶えず希望と夢を持って前進したいという毅の自らを鼓舞する言葉。かつて即席麺業界に参入を果たしたものの全く売れず下請けに甘んじていた毅。「ピヨピヨラーメン」発売までの2年間はまさに「一寸先は光」を信条にしたからこそ、耐えられたのではないだろうか。

「幸せの海を　自ら泳ぐ」

毅は60歳になるころから、たびたび社員に「幸せとはなんだろうか」と問いかけてきた。「幸せの海を　自ら泳ぐ」は、仕事にしろ生活にしろ、あるいは遊びにしろ、単にまわりに流されるのではなく、自ら創意工夫することを意識的に実行するよう呼びかけた。これは１９９２年、大手術で復活した翌年の年頭メッセージだった。

「夢は絶えず持ち続けなさい。それでどんな夢でもいいからそれを形に表しなさい」

毅は、若いころはもちろん、年齢を重ね、60歳を過ぎてからも、自分の夢を語ってきた。そして、毅は夢を心に秘めるだけではなく、夢を表現するよう提案した。

例えば、家を建てたいという夢なら、具体的に場所やデザイン、間取りなどを絵に描いて壁に張り付け常に見えるようにするよう勧める。そうすれば、いつしか必ずその夢は実現する。それが毅の考えだった。夢こそは活動力の源泉。だから、毅はいつまでも若々しい情熱の持ち主でいられたのだ。「夢を絶えず持ち続けなさい」と社員に訴え、若々しい情熱を持ち続けた毅は愛読書『信念の魔術』（C・M・ブリストル）から終生大きな影響を受けていた。意志と持続する志が人生を豊かにすることを、毅はこの本から学んだ。

「念ずれば花ひらく」

仏教詩人として知られる坂村真民の詩の一句で、毅の座右の銘の一つだった。「夢は絶えず持ち続けなさい」と同様に、一つの願い事をいつも心にとどめ、努力を積み重ねていけば、いつかは成就できる。そんな気持ちが込められている。この言葉は、毅亡き後に行われた「お別れの会」において、会の終わりを告げる締めの言葉にも使われた。

「絶えず若々しくなければならん」

毅のモットーの一つだ。社員に自分の年齢より1割若々しくいられることを呼びかけたこともあった。また毅自身も常に体力を若々しく保とうと努力し、若者のように夢を追い、社長である間はいつだって現場で陣頭指揮を執った。社長になったからといって開発の第一戦から退くこともせず、常に試食とブラッシュアップ、そして最終決定に責任を持った。

「脚下照覧」

毅は、100億円を超えるほどの事業への投資を周囲の反対を押し切って決断するような大胆さを持っていた。しかし、その一方で1円単位で無駄を省いていくような緻密さを持ち合わせていた。

こうした二面性があったからこそ、優れた経営者であり続けることができた。そして、その

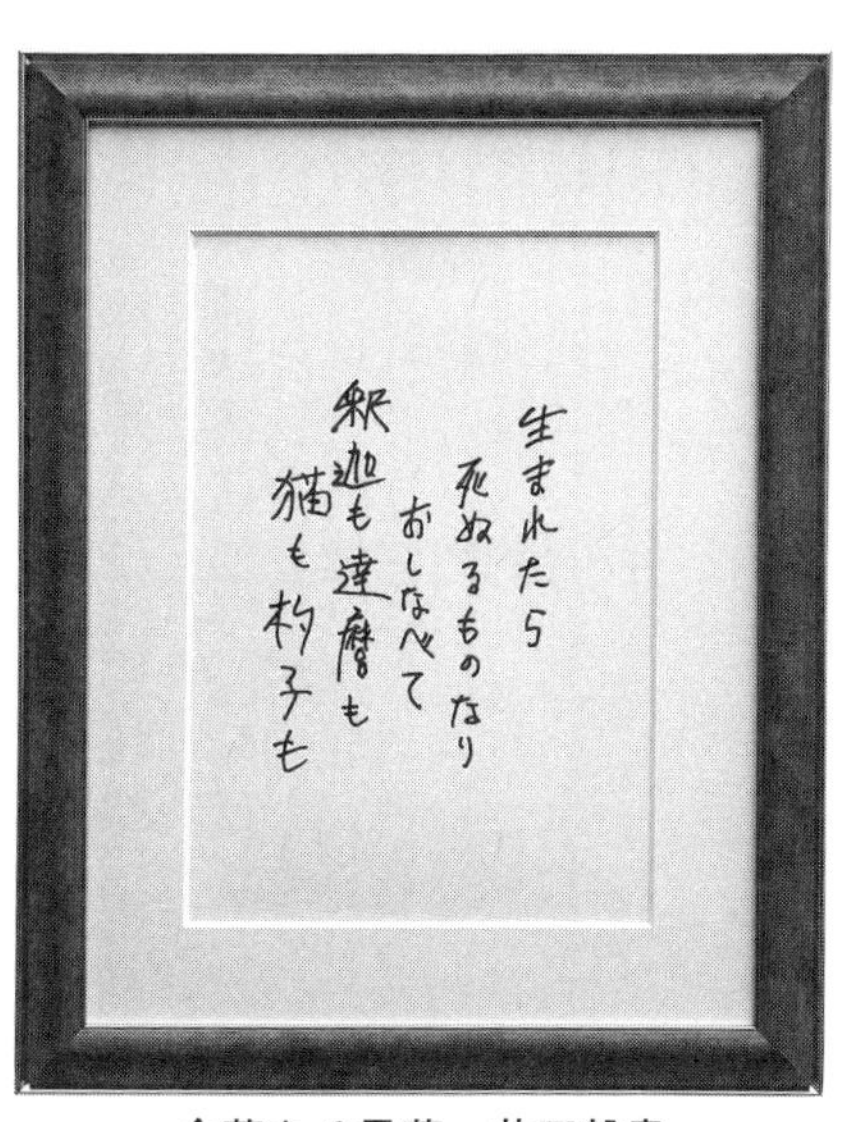

含蓄ある言葉　井田毅書

裏には毅が常に心に置いていた「脚下照覧」という言葉があったはずだ。「脚下照覧」とは仏教用語。常に自分の足下を見つめることを実践しているからこそ、基盤を万全な状態にすることができ、いざというときに大胆な決断を下すことのできる余裕をもたらすのだ。

「恩　施して求めず　受けて忘れず」

とりわけ晩年になって毅が座右の銘のように好んだ言葉だ。人との出会いの数々が社業の助けとなった、これまでの人生を振り返って、毅が辿りついた人生訓だった。もちろん地元群馬県への恩返しも決して忘れなかったし、中国でも難病に苦しむ子どもたちへの支援を晩年まで続けていた。

豊かなる人生の最期

2010（平成22）年1月13日、毅は80歳になった。この年は、4月に開催した康師傅との提携10周年記念祝賀会や11月に行った康師傅の董事会にも元気に出席した。

翌年7月にはエースコックとの提携30周年記念祝賀会に出席し、挨拶として提携に秘めた思いを打ち明けた。

「私は、運というものを大事にしています。日本即席食品工業協会の会合には一騎当千のつわものが集まっていましたが、エースコック創業者の故村岡慶二前社長と気が合い、いろいろなことを話し合っていました。そのような二人の間に人情が通い合って今日の提携が生まれました。人とのふれあい、人情の中から運が生まれ運をつかむことができます。今日の30年目というのは、大きな夢を達成する一過程です。これから先も運を大事にし、世間の荒波を乗り越えもっともっと発展していくことを祈念します」

　毅は数字に強く緻密な経営手腕を誇った。経営に関わる数字はとにかく厳しくチェックしたことでも知られる。しかし、一方で人間のつながりや人情を大切にした。企業間の提携においても、そんな人間のつながりを大切にした。そんな毅の信条が伝わってくる挨拶だった。

　１９９８年に間質性肺炎を克服はしたものの、この病気は完治はしない。薬の服用を続け症状を抑えていた。たちの悪い風邪でもひこうものなら、最悪の事態に陥ってしまう可能性もある。妻の喜代子は入院中は付きっきりで看病に当たっていたが、退院後も毅の体調に細心の注意を払い、例えば、顔色を見て風邪のひきかけだと思ったら、予防の意味で風邪薬を飲ませた。だから、間質性肺炎になってから一度も風邪をひかなかった。

　しかし、80歳を超えた２０１１年ころから、年齢からくる体力的な衰えとともに肺の機能が下がり出し、入退院を繰り返すようになった。皮膚筋炎を併発したことで、さらに間質性肺炎も進行してしまった。

　２０１３年の春先に体調を崩して入院したものの回復せず、酸素吸入の量がどんどん増えていった。ついには呼吸困難に陥った。ところが、この状況でも再びステロイド剤の大量投与に耐え、一度は酸素吸入をやめることができた。医師も驚くほどの気力と体力だった。

　しかし、残念ながら間質性肺炎の進行はとどまるところを知らない。再び衰弱していった。死を間近にした毅は、看病を続ける喜代子に「ありがとう」という言葉を何度も口にした。

　２０１３年８月20日、聖路加国際病院に入院していた毅は家族全員が見守る中、静かに息を引き取った。満83歳、堂々たる豊饒な人生がついに幕を閉じた。

巨星墜つ

間質性肺炎の予後は決して良くないのが通例だ。毅は15年も長生きした。そのうちの多くは症状もほとんど出ず、健康に過ごした。もちろん喜代子の献身的なサポートもあったが、毅の気力・体力は人並み外れて強靱だった。担当医師はギネス級だと、毅の頑張りを称えた。

毅は２０１３（平成25）年８月20日23時29分に逝去したが、純一郎や喜代子は一秒でも早く自宅に連れて帰るため、深夜に車を飛ばして前橋に帰宅、自宅のベッドに静かに寝かせた。

毅の生前の遺志によって、葬儀は家族と親しい友人、会社の役員らに限定した密葬とし、後日お別れの会を行った。

密葬では生前毅がとても可愛がった３人の孫たちから追悼メッセージがあり、「一緒にやった将棋がとってても楽しかったから、お祖父ちゃんに褒めてもらいたくて将棋教室にも通った」「お祖父ちゃんは会社ではカミソリ専務と言われたんだそうだけれど、僕の前ではそんなそぶりは見せずに可愛がってくれた。僕はサンヨー食品に入って、もっともっと会社を大きくしたい」「いつも笑顔で可愛がってくれてありがとう。お祖父ちゃんが、私たちのお祖父ちゃんで幸せだった」などのコメントは、来場者たちの涙を誘った。

また、毅の親友でかつて富士製麺の社員であり、大黒食品工業会長の竹村弘と前橋商業学校（現・前橋商業高等学校）時代の級友、植野要の両名から弔辞があった。竹村と毅は乾麺製造や即席麺参入を試みようかという時代を共に過ごした間柄。植野と毅は、戦時中に高校時代を過ごし、学徒動員に共に汗を流した。「毅さんとの時間は、本当に私にとって有意義で楽しいひとときだった」

「半世紀を超える長い友情をありがとう」などの言葉が、彼らと毅との間に続いた長い交友関係を感じさせた。さらに、中国から、康師傅の魏董事長夫妻もプライベートジェットで駆けつけた。

密葬が終わると、毅の亡骸を乗せた霊柩車は斎場に向かう途上、前橋市朝倉町にある前橋本部・本社工場に立ち寄った。グループ企業の約500人に及ぶ社員が事務所・工場の前に立ち並び、毅を見送り、最後のお別れを行った。

「お別れの会」祭壇の前にて家族写真

同年8月、毅は生前の功績により「正六位」に叙せられた。
10月18日、東京のホテルオークラ平安の間で行われた「お別れの会」には、約2000人もの人々が集まった。献花会場の祭壇は白を基調に、毅の好きな黄色も配した立派な三段構え。上段中央には毅の遺影を掲げ、威厳を備えた堂々たる祭壇に仕上がった。
懇談会場では、この日のために用意された毅の足跡を物語るDVDが放映され、参加者らは波瀾万丈にして幸福な毅の人生を偲んだ。また、毅の手による絵画も多数展示され、仕事を離れた毅の人柄にも触れることができた。
お別れの会を訪れた魏應州董事長は、感慨を新たにしていた。

「髪の毛がフサフサしていた若き相談役の写真を拝見しました。その瞬間、なぜ相談役は周囲の反対を押し切って、康師傅に資本参加されたのかを悟りました。おそらく、若き私を見て、相談役はご自身の若いころと重ね合わせて見たのかと思います。この先見の明のある先輩が最後まで投資の意志を貫いたのを見て、事業の経営者として持つべき見識を学ばせていただきました」

また、サンヨー食品と長期にわたる取引関係のある丸紅の辻亨名誉理事は「即席麺業界の最大手の一角を占める企業グループを築き上げられた御功績は燦然と輝いている。特に、平成11年に中国の康師傅社への資本参加を検討されていたころ、偶々お目にかかる機会があったのだが、その重要案件を決断しようという迫力は、今でも鮮明に私の目に焼きついている。厳しくも深い熟慮、将来を見通す先見力、そして何よりも素晴らしいリーダーシップは、これこそ真の経営者と感じ入った次第である」と、毅の決断力を取り上げた。

サンヨー食品役員社員集合写真（お別れの会）

さらにやはり長年にわたる取引先である日清製粉グループ本社の正田修名誉会長相談役は「事業を離れればプロも顔負けの絵画制作にいそしまれ、私共も『画伯、画伯』と親しくお付き合いさせて頂きました。今も弊社九階の応接室には画伯の個展でお譲りいただいた『屯渓夕景』を飾らせていただいております。今春まで制作を続けておられたと伺い、お別れの会ではなく次の個展でお目にかかりたかったと残念でなりません」と毅の絵画制作の卓越さに言及した。

サンヨー食品グループの一員でもあるエースコックの村岡寛代表取締役社長は「冷静な状況分析、本質を見据えた判断、それでいて浪花節の人情味の温かさを持っておられました。『君はまだ若いから、いいね。たくさん楽しんで、奥さんを大事にしなさいよ』と励ましていただきました。耳を澄ませば今でもそのお声が聞こえてきます」と懐かしんだ。

毅の跡を継いでサンヨー食品3代目社長を務めている長男純一郎は、「故人は旺盛な探求心と鋭い感覚と、明朗闊達にして情誼に厚い人柄で周囲の信望を集めました。こうした故人の人柄と弊社に残した多大な功績を思うとき、改めて深い悲しみを禁じ得ませんが、役職員一同故人の遺志を引き継ぎ、社業の発展に邁進してまいります」と、毅の人柄と遺志を受け継ぐ決意を表明している。

いつでも大きな夢を語った毅の目指したものは「食品産業のコンツェルンになる」という夢。そんな毅の夢は残された者たちに確実に受け継がれている。

約2千人もの人々を集めて開催された「お別れの会」

エピローグ

毅が世を去って2年数カ月経った2015(平成27)年10月18日、井田毅の三回忌が行われた。この日に臨んだ純一郎はもちろん、古くから毅を支え約半世紀にわたって、サンヨー食品の屋台骨を背負ってきた人たちは感慨を新たにしていた。

2年が過ぎ、改めて毅という存在の大きさを噛みしめるとともに、毅が残した遺訓は残された社員たちにも行き渡り、いままた新たな歩みを始めていた。

毅は生前、サンヨー食品の経営者として、即席麺業界の激しい競争に次ぐ競争の中を生き抜くことに全力を注いできた。血の出るような壮絶な努力の結果、即席麺業界に確固とした地歩を築き、盤石な経営状況を続けることができた。企業家として成功した毅が晩年思い描いていたのは、「いつかは地元社会への貢献を実現したい」という構想だった。毅は、サンヨー食品が生まれ育った地域に恩返しをしたいという意志を固めていた。

毅の遺志を継いで、ようやく準備が整い、死去の3カ月後となる2013年11月20日には「一般財団法人サンヨー食品奨学財団」が設立された。創業60周年記念事業の一環でもあり、設立日の11月20日は創業記念日だった。群馬県内の国公立大学に在籍し、経済的理由等により就学が困難な学生に対し、奨学金を援助することを目的とした財団だ。

さらに2015年1月13日には「一般財団法人サンヨー食品文化スポーツ振興財団」が設立され、高校生や青少年の部活動、文化・スポーツ事業への助成事業が始まっている。1月13日は井田毅の生誕日である。

一方、サンヨー食品の売上高と経常利益は好調で経営状況は、極めて安定している。今後もチャンスがあれば、これまで通り無借金で大胆な投資もできるだろう。

いま世界の即席麺生産量は1027億食。サンヨー食品グループの生産量は約200億食を占め、推定となるが世界一と言って間違いはないだろう。

毅が蒔いた種は世界中に散らばり、世界の即席麺の隆盛を牽引し、即席麺は食文化として必要不可欠の地位を築いた。太平洋・大西洋・インド洋を股にかけて躍動する企業にしたいという毅の壮大な夢が、半世紀を経て実現しつつあることを実感させられる。

爽やかな秋の空気と絵画のように美しい風景が、訪れるゴルファーたちを魅了する富岡ゴルフ倶楽部。毅の死後、等身大の銅像がロビーに設置された。そこでは、穏やかに微笑をたたえた上品な毅の銅像が、行き交うゴルファーたちをやさしく迎えてくれる。そして、その笑顔は、世界の食を席巻しつつある即席麺の希望に満ちた将来を静かに見守っている。

井田毅年譜　1930〜2015

1930（昭和5）年　0歳
1月13日、群馬県佐波郡玉村町にあった井田酒造で、父文夫、母きくの長男として生まれる。

1933（昭和8）年　3歳
井田文夫が群馬県前橋市榎町（現・前橋市千代田町）に「泉屋酒店」を開業し、移り住む。

1936（昭和11）年　6歳
前橋市立桃井小学校時代に入学。

1942（昭和17）年　12歳
群馬県立前橋商業学校（現・群馬県立前橋商業高等学校）に入学。

1947（昭和22）年　17歳
群馬県立前橋商業学校を卒業し、父の経営する「泉屋酒店」を手伝う。

1948（昭和23）年　18歳
巣鴨経済専門学校（現・千葉商科大学）に入学。

1952（昭和27）年　22歳
千葉商科大学卒業と同時に、「泉屋酒店」に従事。

1953（昭和28）年　23歳
11月、父文夫とともに乾麺製造の富士製麺を創業。

1955（昭和30）年　25歳
7月、法人化し富士製麺（株）を設立、専務取締役に就任。

1957（昭和32）年　27歳
うどんの乾麺製造に限界を感じ、新しいビジネスを探し始める。

1958（昭和33）年　28歳
即席麺業界への参入の決意を固める。
12月、柴崎喜代子と結婚。

1960（昭和35）年　30歳
妻・喜代子とともに即席麺の試作に没頭。

1961（昭和36）年　31歳
4月、本社工場内に新築したラーメン工場で即席麺（「サンヨーラーメン」）の製造を開始。

1962（昭和37）年　32歳
4月20日、社名を富士製麺（株）からサンヨー食品（株）に変更。
日魯漁業の下請けとして「あけぼのラーメン」の製造を開始。
7月、日清食品を中心に設立された全日本即席ラーメン協会に参加。

1963（昭和38）年　33歳
9月、毅が発起人となり、有力11社で北関東即席ラーメン工業協会を設立。
7月、自社ブランド第1号「ピヨピヨラーメン」を発売。

1964（昭和39）年　34歳

2月、増産に対応すべく前橋市西片貝町に片貝工場を建設し操業を開始。

6月、日本ラーメン工業協会（現・日本即席食品工業協会）に参加。

8月、「長崎タンメン」を発売、大ヒット。

9月、東京都台東区御徒町に東京営業所を開設。

1965（昭和40）年　35歳

1月、大阪市西区北堀江町に大阪営業所を開設。

4月、埼玉県本庄市に本庄工場を建設。

1966（昭和41）年　36歳

8月、「長崎タンメン」が東京地区でシェア1位となる。

1月、「サッポロ一番しょうゆ味」を発売。

3月、「長崎タンメン」の類似品に対する訴訟裁判において、サンヨー食品の主張が全面的に認められる。

4月、東京営業所が千代田区外神田に移転、東京支店に昇格。

1967（昭和42）年　37歳

5月、全工場がＪＡＳ認定工場となる。

6月、片貝工場北側に本社新社屋が完成。

8月、奈良県大和郡山市に関西工場が完成。名古屋、福岡に営業所を開設。

4月、「アラビヤン焼そば」を発売し、業界初の品質保証期間表示が高く評価される。

1968（昭和43）年　38歳

8月、福岡県飯塚市に九州工場が完成。

9月、「サッポロ一番みそラーメン」を発売、全国にみそラーメンブームを巻き起こす。

この年、売上高が即席麺業界3位となる。

1969（昭和44）年　39歳

8月、広島（１９７０年に支店昇格）・新潟・静岡に営業所を開設。

10月、札幌に駐在所を開設（１９８６年に営業所昇格）。

1970（昭和45）年　40歳

2月、組織改革を行い、名古屋・大阪・福岡の各営業所が名古屋支店・大阪支店・九州支店に昇格。

11月、仙台に出張所を開設（1973年に支店に昇格）。
この年、藤岡琢也を「サッポロ一番みそラーメン」のCMに初めて起用。
この年、売上高が即席麺業界で日清食品に次いで2位となる。

1971（昭和46）年　41歳
7月、高松・長野に営業所を開設。
9月、「サッポロ一番塩らーめん」を発売。
この年、日清食品を抜いて、売上高が即席麺業界1位に。

1972（昭和47）年　42歳
この年も、売上高1位を守った。

1973（昭和48）年　43歳
4月、宮城県白石市に東北工場が完成。
4月、製造・販売分離による効率化を目指し、サンヨー食品販売（株）を設立。
9月、東京都港区赤坂にサンヨー赤坂ビルを建設し、営業本部が移転。

1975（昭和50）年　45歳
1月、サンヨー食品初となるカップ麺「サッポロ一番カップスターしょうゆ味」を発売。
1月、愛知県知多郡大府町に名古屋工場が完成。
6月、東京都荒川区に子会社・太平フーズ（株）を設立。
10月23日、井田文夫社長が脳卒中のため74歳で死去。

1976（昭和51）年　46歳
2月1日、サンヨー食品・サンヨー食品販売・太平食品工業の代表取締役社長に就任。
4月、群馬県富岡市に富岡工場が完成。

1978（昭和53）年　48歳
1月、英ケロッグ社と10年間の技術供与契約締結。
2月、米カリフォルニア州ガーデングローブ市に米国サンヨー食品を設立。

1979（昭和54）年　49歳
10月、米国サンヨー食品が現地生産を開始。

1980（昭和55）年　50歳
4月、福岡県嘉穂郡穂波町に新九州工場が完成。

1981（昭和56）年　51歳
7月、エースコック（株）の発行株式約60％を取得し、提携締結。
7月、インドネシアのサリミ社と10年間の技術供与契約締結。

1982（昭和57）年　52歳

7月、大昭和製紙グループからゴルフ場を買収し、市原ゴルフ倶楽部を設立。

1983（昭和58）年　53歳

7月、前橋市朝倉町に新本社・工場が完成。

10月、「あかぎ国体」ご臨席のため来県された高松宮殿下が工場を視察され、「ほたて味ラーメン」をご試食。

1988（昭和63）年　58歳

スーパー等の需要に応えて、5食パックを袋麺市場で初めて発売。

1989（平成1）年　59歳

5月、（社）日本即席食品工業協会理事長に就任（～1991年）。

11月、サンヨー食品が「農林水産大臣賞」を受賞。

1990（平成2）年　60歳

6月、サンヨーリゾート（株）を設立し、代表取締役社長に就任。

9月、米国西海岸でヨーバ・リンダカントリークラブ、ローマス・サンタフェカントリークラブを買収。

11月、「藍綬褒章」を受章。

1991（平成3）年　61歳

8月、富岡ゴルフ倶楽部をオープン。

8月、大腸がんの手術を受け療養の後、復帰。

9月、新関西工場が完成。

1992（平成4）年　62歳

4月、長男の純一郎が入社し、社長室長に就任。

1993（平成5）年　63歳

3月、米国西海岸のタスチン・ランチゴルフクラブを買収。

12月、エースコックがベトナムに合弁会社ビフォン・エースコック（現・エースコックベトナム）を設立。

1994（平成6）年　64歳

6月、日東あられ（株）の経営を引き継ぎ、（株）日東あられ新社を設立。

1995（平成7）年　65歳

2月、丸紅（株）、大連第三糧食儲運工業公司と3社合弁で、大連三洋食品有限公司を設立。

1996（平成8）年　66歳

2月、泉屋酒店の新店舗「いずみや」を前橋市日吉町にオープン。

4月、中国向けのブランド「三宝楽一番」を発売。

10月、市原ゴルフクラブ柿の木台コースをオープン。

1998（平成10）年　68歳

2月、間質性肺炎のため入院、奇跡的に回復。

6月、社長を退任し、相談役に就任。後任の社長に井田純一郎が就任。

10月、初めての個展を銀座で開催し、画文集を出版。翌年1月には前橋で開催。

11月、「サッポロ一番」をどんぶり型カップ麺として発売。

1999（平成11）年　69歳

5月、（社）日本即席食品工業協会の理事長に2度目の就任（～2001年）。

7月、中国の頂益（現・康師傅）に資本参加。毅は副董事長に就任。

2000（平成12）年　70歳

4月、「勲四等瑞宝章」を受章。

2003（平成15）年　73歳

創業50周年。

2回目の個展を銀座（7月）と前橋（9月）で開催し、2冊目の画文集を出版。

2007（平成19）年　77歳

3回目の個展を銀座（9月）と前橋（10月）で開催し、3冊目の画文集を出版。

2008（平成20）年　78歳

10月、「第41回　食品産業功労賞」（日本食糧新聞社）を受賞。

2009（平成21）年　79歳

10月、九州の（株）マルタイと資本・業務提携。

2010（平成22）年　80歳

4月、康師傅との提携10周年記念祝賀会を開催。

11月、「サッポロ一番みそラーメン」が「食品産業技術功労賞」（食品産業新聞社）を受賞。

11月、康師傅がペプシコーラ中国法人を傘下に収める。

2011（平成23）年　81歳

7月、エースコック（株）との提携30周年記念祝賀会を開催。

4回目の個展を前橋（10月）と銀座（11月）で開催。4冊目となる画文集を出版。

2013（平成25）年　83歳

8月20日、間質性肺炎のため聖路加国際病院にて83歳の生涯を閉じる。

8月、「正六位」に叙せられる。

10月18日、東京：ホテルオークラにてお別れの会を開催、約2000人が参列。

11月20日、「一般財団法人サンヨー食品奨学財団」を設立。

2014（平成26）年

8月20日、井田毅一回忌法要。

2015（平成27）年

1月13日、「一般財団法人サンヨー食品文化スポーツ振興財団」を設立。

10月18日、井田毅三回忌法要。

略歴

昭和５年１月13日生　千葉商科大学経済学部卒業
昭和27年３月　富士製麺株式会社設立　専務取締役　就任
昭和30年７月　サンヨー食品株式会社に改称
昭和36年４月　サンヨー食品株式会社　代表取締役社長　就任
昭和51年２月　サンヨー食品販売株式会社　代表取締役社長　就任
　太平食品工業株式会社　代表取締役社長　就任
　株式会社泉屋酒店　代表取締役社長　就任
昭和53年３月　米国サンヨー食品株式会社　ＰＲＥＳＩＤＥＮＴ　就任
昭和57年７月　株式会社市原ゴルフ倶楽部　代表取締役社長　就任
平成元年５月　社団法人日本即席麺食品工業協会　理事長　就任（平成３年迄）
平成２年６月　サンヨーリゾート株式会社　代表取締役社長　就任（富岡ゴルフ倶楽部）
平成11年５月　社団法人日本即席食品工業協会　理事長　就任（平成13年迄）
平成11年７月　康師傅控股有限公司　副董事長　就任

主な栄誉

昭和58年６月　群馬県知事表彰（食品工業協会功労）
昭和61年３月　食糧庁長官表彰（米麦加工食品生産動態調査協力）
昭和63年６月　公正取引委員会委員長表彰（日本即席食品工業公正取引協議会功労）
平成元年11月　農林水産大臣表彰（食品産業振興発展功労）
平成２年11月　藍綬褒章受章
平成７年７月　農林水産大臣表彰（阪神淡路大震災災害救助貢献）
平成８年10月　厚生大臣表彰（食品衛生改善功労）
平成12年４月　勲四等瑞宝章受章
平成20年10月　食品産業功労賞
平成25年８月　正六位に叙せられる

参考文献

『日本即席食品工業協会50年史』日本即席食品工業協会（２０１５）
『日本が生んだ世界食！　インスタントラーメンのすべて』（社）日本即席食品工業協会監修　日本食糧新聞社（２００４）
『驚異の年間46億食　インスタントラーメン30年』協力／日本即席食品工業協会　朝日ソノラマ文庫（１９８７）
『即席ラーメンの本』学研（２００２）
『味とまごころの交差点　サンヨー食品45年のあゆみ』サンヨー食品（１９９９）
『ニッポン「もの物語」なぜ回転寿司は右からやってくるのか』夏目幸明　講談社（２００９）
『商品の裏側に　マス・プロダクト商品のつくり方』大日本印刷株式会社包装総合開発センター　六耀社（２００３）
『汗とカネ』井田信夫　上毛新聞社（２０００）
「もう一人のラーメン王」『日本経済新聞社』連載（２０１２）
『72年版日本の会社ベスト１０００』『週刊ダイヤモンド』（１９７２年7−8月号）
「社長の私生活」『日刊ゲンダイ』（１９７９年12月13日）
「ロングセラー・ブランド化への挑戦～「サッポロ一番」にみる市場変化への対応戦略～」『マーケティングジャーナル』マーケティングジャーナル（２００２）
「経営者の人間研究⑪サンヨー食品株式会社社長井田文夫氏」『近代中小企業』中小企業経営研究会（１９７２）
「カップ麺の展開いかんにかかるサンヨー食品の今後」『激流』国際商業出版（１９８１）
「『サッポロ一番』で築いた〝ラーメン王国〟」『財界』財界研究所（１９８０）
「『長崎タンメン』『サッポロ一番』『とっぱちからくさやんつきラーメン』を生んだチャレンジャー精神とプロ意識」『新聞技術』日本新聞協会（１９９１）
「経営第一線　井田文夫」『食品工業』光琳（１９７５）

「経営第一線　井田毅」『食品工業』光琳（1989）
「単品経営から脱皮始めたサンヨー食品」『実業往来』実業往来社（1982）
「乱戦に挑んだ〝味とイメージ〟の勝利　サンヨー食品のラーメン」『実業の日本』実業之日本社（1968）
「サンヨー食品　一躍トップブランドを育てた総合作戦」『セールスマネージャー』ダイヤモンド社（1971）
「即席めん（袋もの）で独走体勢に入ったサンヨー食品」『総合食品』総合食品研究所（1979）
「〝サッポロ一番〟で即席めんの歴史をつくったサンヨー食品」『ブレーン』誠文堂新光社（1983）
「流通・消費革命9即席ラーメンの世界」『エコノミスト』毎日新聞社（1982）
『超ロングセラー大図鑑　花王石鹸からカップヌードルまで』竹内書店新（2001）
『転んでもただでは起きるな！定本・安藤百福』安藤百福・発明記念館（編）中央公論新社（2013）
『おやつカンパニー60年史』
「新しい国民食　インスタントラーメンはどれが一番うまいか」『週刊現代』（1982）
「即席ラーメンが大同団結するまで」『週刊サンケイ』（1962）
「公正競争規約四月から実施」『月刊商業界』商業界（1996）
『酒類食品統計月報』日刊経済通信社（1963～1975）
「鳴動する即席ラーメン業界」『新日本経済』新日本経済社（1962）
「食生活の改善と即席ラーメンの主食化」『実業往来』実業往来社（1964）
「日本が生んだ世界食―インスタントラーメン―その歴史と知的財産戦略」『知財研フォーラム』知的財産研究所（2013）
「食うかくわれるか　即席ラーメン戦国時代」『経済展望』経済展望社（1963）
「即席ラーメン高級時代がやってきた」『潮』潮出版社（1983）
「袋物見直しで再燃するか　即席ラーメンの〝熱き闘い〟」『激流』国際商業出版（1976）
「世界一の大発明　即席ラーメン業界　泣き笑い」『現代』講談社（1979）
「大型再編で始まった即席麺業界の再編」『経済展望』経済展望社（1981）

「インスタント食品ブームと即席ラーメン―元祖東明長寿麺を語る」『実業界』実業界（１９６１）
「鶏糸麺のおいたち」『新日本経済』新日本経済社（１９６３）
「大和通商に軍配上がる　即席ラーメン特許権争い」『財界展望』財界展望新社（１９６３）
「特許という名の黄金の権利」『新日本経済』新日本経済社（１９６３）
『ＴＯＭＩＯＫＡ　ＮＥＷＳ』富岡ゴルフ倶楽部（１９９２〜）
「熾烈な争いが生んだ　世界に冠たるインスタントラーメン」『ＪＢ　ＰＲＥＳＳ』(http://jbpress.ismedia.jp/articles/-/5833)
「日本食糧新聞」（１９６４・３・30）
「食品新聞有力企業最新売上げランキング」（２０１６年1月6日）

順不同

ピヨピヨラーメン（1963年7月発売）

「ピヨピヨラーメン」テレビコマーシャル
三遊亭小金馬（1963年）

長崎タンメン（1964年8月発売）

「長崎タンメン」テレビコマーシャル
ミヤコ蝶々（1965年）

サッポロ一番しょうゆ味（1966年1月発売）
発売された当初は、包装にしょうゆ味の記載が入っていなかった

「サッポロ一番しょうゆ味」
テレビコマーシャル　スタジオ編
ザ・ドリフターズ（1966年）

サッポロ一番しょうゆ味
現行のパッケージ

サッポロ一番みそラーメン（1968年9月発売）
現在に至るまで袋麵の最高峰に君臨するロングラン商品

「サッポロ一番みそラーメン」
テレビコマーシャル　世の中広いね編
藤岡琢也（1971年）

「サッポロ一番塩らーめん」
テレビコマーシャル　野菜編
（1974年）

サッポロ一番塩らーめん（1971年9月発売）
みそラーメンとともに長く袋麵の1位、2位を独占した

アラビヤン焼そば（1967年4月発売）
特に千葉県内では人気が高いロングラン商品

サッポロ一番ごま味ラーメン（1972年9月発売）
西日本では定番のロングランヒット

サッポロ一番東京ラーメンこれだね
（1986年8月発売）

サッポロ一番とっぱちからくさやんつきラーメン
（1987年9月発売）

サッポロ一番カップスターしょうゆ味
（1975年1月発売）
記念すべきサンヨー食品カップ麺第1号

「カップスター」テレビコマーシャル
麻丘めぐみ（1976年）

サッポロ一番みそラーメンどんぶり
（1998年11月発売）

サッポロ一番しょうゆ味どんぶり
（1998年11月発売）

サッポロ一番塩らーめんどんぶり
（1998年11月発売）

家族全員で「傘寿の祝い」＝2010年

銀婚式＝1983年

インドネシア旅行＝1992年

富岡ゴルフ倶楽部にて＝2010年

金婚式＝2008年

絵画は第二の人生

相談役就任後は絵画に熱中
自宅アトリエにて

個展は4回開催

「谷川岳の日乃出」（油絵F50号）

「日本舞踊『新鹿の子』」（油絵F12号）

「青島 小魚山公園 覧潮閣」（油絵F12号）

若いころから親しんだ登山
木曽駒ヶ岳
＝1993年

社員旅行で落語を披露
＝1973年

将棋の腕前はアマ3段
女流棋士との対決
＝1980年

第7回サンヨー会麻雀大会
水上温泉にて
＝1981年

通夜　葬儀告別式　メモリード前橋典礼会館＝2013年

本社工場にて社員全員がお見送り＝2013年

お別れの会　ホテルオークラ東京「平安の間」＝2013年

お別れの会　ホテルオークラ東京「平安の間」＝2013年

主な栄誉

褒章の記
井田 毅
内閣総理大臣 海部俊樹
総理府賞勲局長 稲橋一正

藍綬褒章＝1990年

日本国天皇は井田 毅を
勲四等に叙し瑞宝章を授与する
平成十二年四月二十九日皇居において
璽をおさせる
平成十二年四月二十九日
内閣総理大臣 森 喜朗
総理府賞勲局長 榊 誠

勲四等瑞宝章＝2000年

井田 毅
正六位に敍する
平成二十五年八月二十日
内閣総理大臣 安倍晋三 宣

正六位叙勲＝2013年

サッポロ一番を創った男
井田毅

2016年7月15日　初版発行

取材・執筆　磯　尚義

編集・発行　上毛新聞社事業局出版部
〒371-8666　群馬県前橋市古市町1-50-21
TEL 027-254-9966　FAX 027-254-9906